“十三五”高等职业教育规划教材

ASP.NET MVC程序设计开发教程

张松慧　鲁　立　主　编

张　恒　常排排　副主编

梁晓娅　陈　丹　董　宁　何水艳
李志刚　陈　娜　付　宇　参　编

中国铁道出版社有限公司
CHINA RAILWAY PUBLISHING HOUSE CO., LTD.

内容简介

本书采用微软的 Visual Studio 2012 开发平台，以项目导入的方式，围绕 ASP.NET MVC 的关键技术展开以实际应用为主线的讲解，主要内容包括 ASP.NET MVC 概述、初识 ASP.NET MVC 项目开发、数据模型、控制器、视图、数据验证、网址路由等，最后提供一个完整的开发实例——电子商务网站。学习本书，读者可以快速上手 ASP.NET MVC，了解 ASP.NET MVC 项目开发的流程，掌握 ASP.NET MVC 的核心观念与技术。

本书结构合理，为每个知识点精心设计了项目案例。本书适合作为高等职业院校软件技术专业、计算机网络技术专业的必修教材，也适用于 ASP.NET MVC 的初学者。

图书在版编目（CIP）数据

ASP.NET MVC 程序设计开发教程/张松慧，鲁立主编. —北京：中国铁道出版社，2018.8（2024.7重印）

"十三五"高等职业教育规划教材

ISBN 978-7-113-24898-7

Ⅰ.①A… Ⅱ.①张… ②鲁… Ⅲ.①网页制作工具-程序设计-高等职业教育-教材 Ⅳ.①TP393.092

中国版本图书馆 CIP 数据核字（2018）第 196520 号

书　　名： ASP.NET MVC 程序设计开发教程
作　　者： 张松慧　鲁　立

策　　划： 徐海英　　　　**编辑部电话：**（010）51873135
责任编辑： 翟玉峰　包　宁
封面设计： 刘　颖
责任校对： 张玉华
责任印制： 樊启鹏

出版发行： 中国铁道出版社有限公司（100054，北京市西城区右安门西街 8 号）
网　　址： https://www.tdpress.com/51eds/
印　　刷： 北京铭成印刷有限公司
版　　次： 2018 年 8 月第 1 版　　2024年 7 月第 5 次印刷
开　　本： 787 mm×1092 mm　1/16　**印张：** 10.25　**字数：** 246 千
印　　数： 5 001 ～ 5 500 册
书　　号： ISBN 978-7-113-24898-7
定　　价： 32.00 元

前言

PREFACE

ASP.NET MVC 是在现有的 ASP.NET 框架基础上提供的一个新的 MVC 框架。利用 ASP.NET MVC，.NET 开发人员可以用 MVC 模式构建 Web 应用，做到清晰的概念分离（UI 或者视图与业务应用逻辑分离，应用逻辑和后端数据分离），同时还可以使用测试驱动开发。ASP.NET MVC 已经成为.NET 开发人员必须掌握的关键技术之一。

本书不仅包含了 ASP.NET MVC 的各种概念和理论知识，还通过项目案例对 ASP.NET MVC 的综合运用进行了详细讲解。知识系统连贯，逻辑性强；内容安排承上启下，循序渐进地讲述 ASP.NET MVC 的每一部分。

本书共 8 章，内容包括：

第 1 章　ASP.NET MVC 概述，介绍 ASP.NET MVC 的基础知识，帮助大家了解 ASP.NET MVC 的概念，并介绍 ASP.NET MVC 应用程序开发环境的配置。

第 2 章　初识 ASP.NET MVC 项目开发，详细介绍如何使用 Visual Studio 2012 创建一个 ASP.NET MVC 项目，并介绍 ASP.NET MVC 项目有哪些基本的目录结构以及 ASP.NET MVC 项目中核心模块的创建和作用。

第 3 章　数据模型，本章主要介绍了 ASP.NET MVC 项目开发中 Model（数据模型）这一部分的创建和使用。首先介绍了数据模型在 ASP.NET MVC 项目中的作用，然后分别介绍了基于 LINQ to SQL 的数据模型的创建和基于 Entity Framework 的数据模型的创建，重点讲解了 Entity Framework 数据模型的使用。

第 4 章　控制器，本章主要讲述 Controller 如何响应用户的 HTTP 请求并将处理的信息返回给客户端，包括各动作过滤器。

第 5 章　视图，本章主要展示了视图 View 是如何显示用户界面的以及对 View 进行控制的相关技术。

第 6 章　数据验证，本章详细介绍了如何实现对用户输入数据进行有效性验证的技术，包括数据验证原理、验证属性的使用、自定义验证。

第 7 章　网址路由，本章介绍了网址路由的概念、如何定义路由、路由的实现、路由常见用法、自定义路由的实现，学习如何在 Web 项目中使用网址路由。

第 8 章　ASP.NET MVC 开发实战——电子商务网站，本章通过实例讲解了 MVC 电子商务网站的开发过程，了解如何进行 MVC 网站的规划与架构，重点讲解了设计思路和主要的知识点，其中包括前台信息处理和后台管理程序的制作方法以及 Models、Views 和 Controllers 的设计方法。

本书提供了各章相应内容的源代码，读者可通过 http://www.tdpress.com/51eds 网站下载。

本书由张松慧、鲁立任主编，张恒、常排排任副主编，梁晓娅、陈丹、董宁、何水艳、李志刚、陈娜、付宇参与本书的编写工作。

限于编者的水平，本书难免存在不妥或疏漏之处，恳请读者批评指正。读者如发现错误，恳请百忙之中及时与编者联系（Email: 1150869523@qq.com），以便尽快更正，编者将不胜感激。

编 者

2018 年 4 月于武汉

CONTENTS

目 录

第1章 ASP.NET MVC 概述

学习目标

- 了解 ASP.NET MVC 的基础知识
- 了解 ASP.NET MVC 的概念
- 掌握 ASP.NET MVC 环境搭建
- 掌握 ASP.NET MVC 应用程序的创建方法
- 掌握 ASP.NET MVC 应用程序的结构

重点难点

- ASP.NET MVC 环境搭建
- ASP.NET MVC 应用程序的创建方法
- ASP.NET MVC 应用程序的结构

在 Web 开发中做到 UI 或者视图与业务应用逻辑分离，应用逻辑和后端数据分离，编写出更具模块化、可维护性更高的程序是每个开发人员的目标。下面讲解如何采用 MVC 模式来构建 Web 应用。

1.1 ASP.NET MVC 简介

ASP.NET MVC 是在现有的 ASP.NET 框架基础上提供的一个新的 MVC 框架。利用 ASP.NET MVC，.NET 开发人员可以用 MVC 模式来构建 Web 应用，做到清晰的概念分离（UI 或者视图与业务应用逻辑分离，应用逻辑和后端数据分离），同时还可以使用测试驱动开发。在学习 ASP.NET MVC 之前，我们先了解一下什么是 MVC。

1.1.1 何为 MVC

MVC 不是一种程序语言，严格来说也不算是一种技术，而是一种“架构（框架）”，它就像是一种开发观念或者是一种程序设计模式。

软件开发时，开发人员最熟悉也是最常面对的状况就是“变化”。需求会变、技术会变、老板会变、客户也会变，需求的不断变化对软件质量和可维护性都有很强的破坏性。但这就是我们必须面对的现实，我们唯一能够做的就是有效降低变化所带来的冲击，而 MVC 就是一种可行的解决方案。

MVC 成为计算机科学领域重要的设计模式已有多年的历史。MVC 最早是在 1979 年由 Trygve Reenskaug 所提出，并且应用于当时很流行的 Smalltalk 程序语言中。MVC 的目的就是简化软件开发的复杂度，以一种概念简单却又权责分明的架构，贯穿整个软件开发流程，通过业务逻辑层与数据表现层的分割，把这两部分数据分离开来，以编写出更具模块化、可维护性更高的程序。当前，几乎所有的编程语言都实现了 MVC 模式，包括 Java、JavaScript、Perl、PHP、Python、Smalltalk、XML，当然还有.NET。

MVC 把软件开发的过程大致分为三个主要单元，分别为 Model（模型）、View（视图）和 Controller（控制器），简称 MVC，其定义如下：

Model（模型）：一组类，描述了要处理的数据以及修改和操作数据的业务规则。

View（视图）：用户界面部分，定义应用程序用户界面的显示方式。

Controller（控制器）：一组类，用于处理来自用户、整个应用程序流以及特定应用程序逻辑的通信。

1.1.2 初探 MVC 架构

MVC 模式目前被广泛应用于 Web 程序设计中，在 ASP.NET MVC 中，MVC 的三个主要部分有着明确的分工。

1. Model

Model 又称数据模型，负责所有与数据有关的任务：

- 定义数据结构；
- 负责连接数据库；
- 从数据库中读/写数据；
- 执行存储过程；
- 进行数据格式验证；
- 定义与验证业务逻辑规则；
- 对数据进行各种加工处理。

简而言之，所有与“数据”有关的任务，都应该在 Model 里完成定义。在 ASP.NET MVC Web 应用开发中，用户可以将 Model 想象成一个命名空间（Namespace），它定义了一些类（Class）来负责所有与数据有关的工作，常见的相关技术包括 ADO.NET、类型化数据集（Typed Dataset）、实体数据模型（Entity Framework）、LINQ to SQL、数据访问层（Data Access Layer）和 Repository Pattern 等，在本书的第 3 章中将详细介绍 ASP.NET MVC 中的 Model（模型）部分。

2. View

View 负责所有呈现在用户面前的东西，简单来说就是输入与输出。输出工作指将数据呈现在浏览器上，例如，输出 HTML、XML；输入工作则是将用户输入的数据传回服务器，例如，在浏览器上呈现网页窗体让用户输入。具体任务包括：

- 从 Controller 取得数据，并显示在用户界面上；
- 负责控制页面的版式、字体、颜色等各种显示方式；
- 参考 Model 定义的数据格式来定义数据显示方式；
- 在 Web 页面中送出数据到服务器；
- 决定数据的传递格式和传送方式；
- 完成前端基本的数据验证。

简言之，所有要显示在 Web 页面上的逻辑都由 View 负责。

3. Controller

顾名思义，Controller 就是“掌控全局”，它负责的工作如下：

- 决定系统运作流程；
- 负责从 Model 中获取数据；
- 决定应该显示哪个 View。

M、V、C 之间有很强的关联性和独立性，巧妙的分工与合作。控制器接受用户的输入并调用模型和视图去完成用户的需求，MVC 的运作模式如图 1-1 所示。

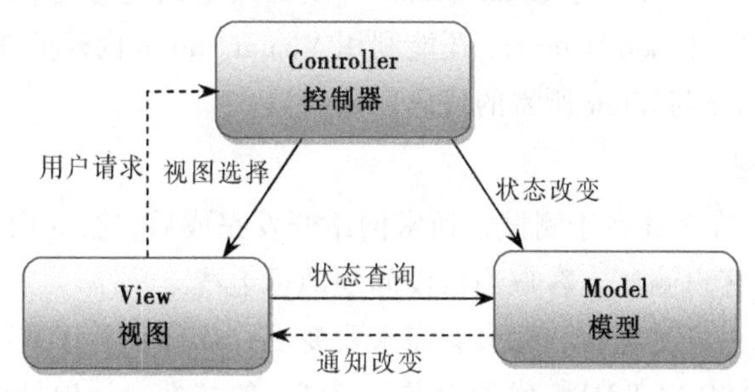

图 1-1　MVC 示意图

1.1.3　为什么采用 ASP.NET MVC

ASP.NET MVC 是微软官方推出的 MVC 架构 Web 应用开发平台，它采用了许多与其他 MVC 开发平台所使用的相同的核心策略，再加上它提供的编译和托管代码的好处，以及.NET 平台的新特性，使其成为强大的 Web 应用开发框架。

1. 关注点分离与可维护性

在 MVC 的世界里有个非常重要的观念就是“关注点分离（Separation of Concerns）”，意思是在进行软件开发时，用户可以只关注当前对象，而不会受到系统中其他对象的干扰，包括对当前对象的修改也不会影响其他对象的运作，进而使我们专注于完成手边的工作。如此一来，不但让 ASP.NET MVC 项目更容易维护，更能让 ASP.NET MVC 项目应付各种变更需求，进而加速项目开发，提高客户满意度。

在 ASP.NET MVC 出现以前，在 Web Forms 层开发是 ASP.NET 开发的主流方向，利用拖放控件，ViewState 以及强大的服务器控件来处理 Web 应用逻辑。然而，ASP.NET Web Forms 开发方式也会带来一些问题，比如经常混淆页面生命周期，生成的 HTML 页面代码不理想等。面对越来越复杂的 Web 应用需求，ASP.NET Web Forms 也变得异常复杂且难以维护。尤其是需要进行 HTML 代码微调的时候，更是 ASP.NET Web Forms 开发人员的噩梦，而且还看不到控件的源代码。

在 ASP.NET MVC 发布之后，Web Forms 被 View 取代，View 里面不再有复杂的程序或业务逻辑，而仅留下显示部分，如 HTML、JavaScript、数据显示和表单等。然后由 Controller 负责控制其余的部分，由 Model 负责访问数据或验证数据格式，进而提升项目的可维护性。

2. 易于分工的架构

MVC 设计模式拥有清晰的开发架构与明确的对象分工，所以在项目开发的初期就能够进行分工，不用等到核心的函数库都完成后才开始进行开发或集成。

3. 开发工具与效率

所谓“工欲善其事，必先利其器”，采用 ASP.NET MVC 最大的优点就是可以通过 Visual Studio 进行软件开发，尤其是 Visual Studio 2012 以后，新增许多对 ASP.NET MVC 的开发支持，可以帮助开发人员大幅度提升开发效率。

ASP.NET MVC 除了通过强大的 Visual Studio 开发工具来快速构建 Model 对象，例如，LINQ to SQL、Entity Framework、Typed DataSet，还能利用 Visual Studio 内建的 T4 工具与 Scaffolding 模板，快速创建 Controller 与 View 所需的代码。

4. 易于测试的架构

一般 Web 开发的困难之处在于测试，通常网站开发完成后，会先由开发人员自行测试，待确认没问题之后再给客户测试，客户确认没问题即可上线。

然而，在网站上线一段时间后，总会有需求要变更，或修正程序或新增功能，这时就很容易衍生出新的 Bug。ASP.NET MVC 优先考虑“测试”的特性，让项目可以通过各种测试框架，例如，Visual Studio、Unit Test、NUnit 等，轻松实现测试导向开发流程（Test-Driven Development，TDD）。

5. 开放特性

ASP.NET MVC 从第一版以来，就在 Apache 许可证下开源，采用的是微软公共许可证 MS-PL，也就是说，在新的开源开发模式下，开发者可以修正 Bug，修改代码，增加特性，微软将接受第三方递交的补丁。若要获得 ASP.NET MVC 源代码，用户可以到 http://aspnet.codeplex.com/网址下载。

总结以上所述，ASP.NET MVC 开发模式可以给用户带来如下好处：

- 清晰的关注点分离可以帮助用户写出更易于维护的程序；
- 提供了对 HTML 页面显示的全面控制；
- 提供了应用程序层的单元测试；
- 易于分工的架构；
- 完全的开源。

不过 ASP.NET MVC 并不像 ASP.NET Web Forms 那么容易上手（利用 ASP.NET Web Forms 即使不懂 HTML、CSS、JavaScript 也能开发网站），需要熟悉 HTML、CSS、JavaScript 相关知识。

但是，ASP.NET Web Forms 与 ASP.NET MVC 共享了同一套 ASP.NET 框架，它们的底层是一样的，所以，在 ASP.NET MVC 项目中添加使用 ASP.NET Web Forms 技术的页面也是可行的。

1.1.4 ASP.NET MVC 发展现状

ASP.NET MVC 的发展速度非常快，在短短几年时间里，ASP.NET MVC 已经发布了 5 个主要版本，还有一些临时版本。为了更好地理解 ASP.NET MVC，首先来了解 ASP.NET MVC 的发展历程。下面简要描述 ASP.NET MVC 的主要发布版本及其背景。

1. ASP.NET MVC 1 概述

2007 年 2 月，微软公司的 Scott Guthrie 草拟出了 ASP.NET MVC 的核心思想，并编写了实现代码。这是一个只有几百行代码的简单应用程序，但它给微软公司 Web 开发框架带来的前景和潜力是巨大的。

在官方发布之前，ASP.NET MVC 并不符合微软的产品标准。ASP.NET MVC 经历的开发周期非常多，在官方版本发布之前已有 9 个预览版本，它们都进行了单元测试，并在开源许可下发布了代码。在最终版本发布之前，ASP.NET MVC 已经被多次使用和审查。2009 年 3 月 13 日 ASP.NET MVC 正式发布。

2. ASP.NET MVC 2 概述

与 ASP.NET MVC 1 发布时隔一年，ASP.NET MVC 2 于 2010 年 3 月发布。ASP.NET MVC 2 的主要特点如下：

- 带有自定义模板的 UI 辅助程序；
- 在客户端和服务器端基于属性的模型验证；
- 强类型 HTML 辅助程序；
- 升级的 Visual Studio 开发工具。

根据应用 ASP.NET MVC 1 开发各种应用程序的开发人员的反馈意见，ASP.NET MVC 2 中也增强了许多 API 功能，比如：

- 支持将大型应用程序划分为区域；
- 支持异步控制器；
- 使用 Html.RenderAction 支持渲染网页或网站的某一部分；
- 新增许多辅助函数和实用工具等。

ASP.NET MVC 2 发布的一个重要特点就是很少有重大改动，这是 ASP.NET MVC 结构化设计的一个证明，这样就可以实现在核心不变的情况下进行大量扩展。

3. ASP.NET MVC 3 概述

在微软新发布的开发工具 Web Matrix 的推动下，ASP.NET MVC 3 于 ASP.NET MVC 2 发布后第 10 个月推出，做出了如下改进：

- 支持更友好的视图表达，包括新的 Razor 视图引擎；
- 支持.NET 4.0 数据新特性；
- 改进了模型验证，使验证更加简洁高效；
- 丰富的 JavaScript 支持，其中包括非侵入式 JavaScript、jQuery 验证和 JSON 绑定；
- 支持使用 NuGet。

4. ASP.NET MVC 4 概述

ASP.NET MVC 4 被内置于微软的 Visual Studio 2012 开发工具发布，其做出了如下改进：

- 新增了手机模板、单页应用程序、Web API 等模板；
- 更新了一些 JavaScript 库，其中示例页面也使用了 jQuery 的 Ajax 登录；
- 增加了 OAuth 认证与 Entity Framework5 的支持；
- 增强了对 HTML5、AsyncController 等的支持。

5．ASP.NET MVC 5 概述

ASP.NET MVC 5 被内置于微软的 Visual Studio 2013 开发工具发布，其做出了如下改进：

- One ASP.NET；
- 新的 Web 项目体验；
- ASP.NET Identity；
- Bootstrap 模板；
- 特性路由；
- ASP.NET 基架；
- 身份过滤器；
- 过滤器重写。

1.2 ASP.NET MVC 模式下的 Web 项目开发

学习 ASP.NET MVC 的最好方法就是通过项目开发来理解其工作原理。在实际的开发工作开始之前，首先准备 ASP.NET MVC 所需的开发环境。

1.2.1 搭建开发环境

ASP.NET MVC 5 需要.NET 4.5，可以在以下 Windows 操作系统中运行：

- Windows Vista SP2；
- Windows 7；
- Windows 8；
- Windows 10。

ASP.NET MVC 5 也可以运行在以下服务器操作系统中：

- Windows Server 2008 R2；
- Windows Server 2012。

确保满足了基本的软件要求后，下一步就该在开发或生产的计算机上安装 ASP.NET MVC 5 了。

1．安装 ASP.NET MVC 5 开发组件

ASP.NET MVC 5 的开发工具支持 Visual Studio 2012 和 Visual Studio 2013，包括这两个产品的免费 Express 版本。

Visual Studio 2013 中包含 MVC 5，不需要单独安装。如果使用的是 Visual Studio 2012，则需要安装一个微软发布的更新工具“ASP.NET and Web Tools 2013.1 for Visual Studio 2012”，下载网址：https://www.microsoft.com/zh-cn/download/details.aspx?id=41532。注意：AspNetWebTools2013_1Setup.exe 和 WebToolsExtensionsVS.msi 都需要安装，安装此更新后，MVC5 在 Visual Studio 2012 中可用。

2．在服务器上安装 ASP.NET MVC 5

MVC 5 是完全 bin 部署的，这意味着所有必要的程序集都包含在应用程序的 bin 目录中。只要服务器上有.NET 4.5，就可以进行安装。

1.2.2 创建 ASP.NET MVC 应用程序

本书将专注于 Visual Studio 2012 上 ASP.NET MVC 4 应用程序的开发。通过如下步骤可以创建一个新的 ASP.NET MVC 项目。

（1）选择“文件”→“新建项目”命令，如图 1-2 所示。

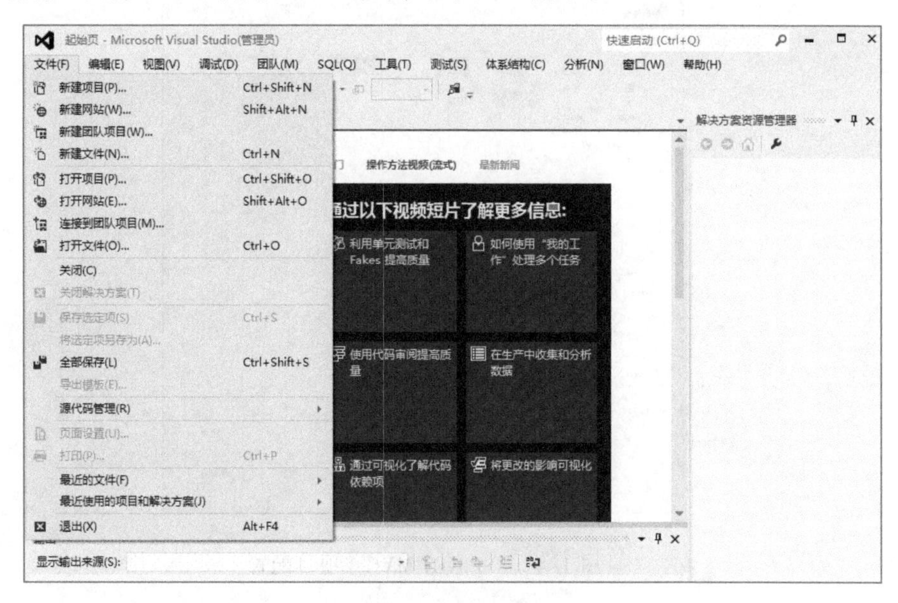

图 1-2 创建应用程序

（2）在“新建项目”对话框左侧区域选择“已安装”→“模板”→“Visual C#”→“Web”选项，这将在中间区域显示 Web 应用程序类型列表，如图 1-3 所示。

图 1-3 新建 ASP.NET MVC 4 项目

（3）选择“ASP.NET MVC 4 Web 应用程序”选项，单击“确定”按钮。

创建完一个新的 ASP.NET MVC 4 应用程序后，将会出现带有 MVC 特定选项的临时对话框，这些选项用于决定如何创建项目，如图 1-4 所示。

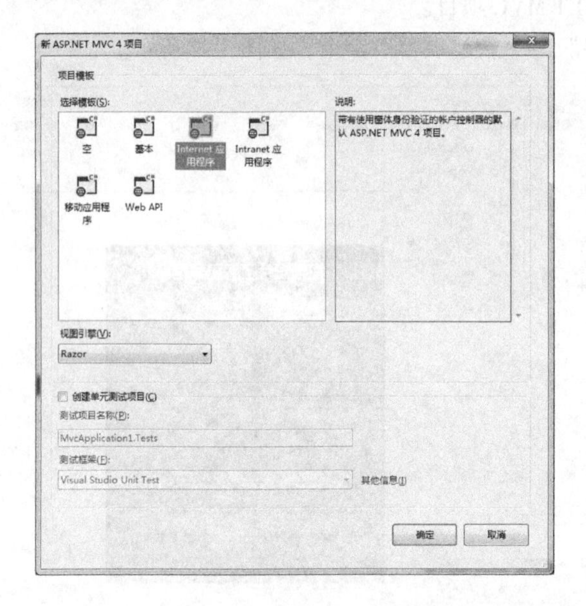

图 1-4　ASP.NET MVC 4 项目配置

这个对话框中的选项可以设置应用程序的大部分基础结构。首先，可以从六个预安装项目模板中选择一个（见图 1-4）。这些模板的基本功能说明如下：

- **空**：该模板不包含任何内容，只会创建一个空的 ASP.NET MVC 项目。
- **基本**：该模板大部分内容为空，但是项目中仍然包含基本的文件夹、CSS 以及 ASP.NET MVC 应用程序的基础结构，除了这些就没有其他内容了。如果直接运行通过基本模板创建的应用程序将会出现错误提示消息，因为还没有设置应用程序启动项。基本模板是为具有 ASP.NET MVC 开发经验的人员设计的，基本模板可以按照他们的想法精确地设置和配置。
- **Internet 应用程序**：通过该模板可以快速创建一个基本的 ASP.NET MVC 应用程序，程序创建之后可以立即运行，并能看到一些页面。
- **移动应用程序**：该模板会创建一个适用于移动设备的 ASP.NET MVC 4 项目，并且包含基于 Web Forms 验证机制（ASP.NET Membership ）的账户系统。
- **Web API**：该模板会创建一个 ASP.NET Web API 项目。

图 1-4 中还有一个“视图引擎”下拉列表框。视图引擎的作用是在 ASP.NET MVC 应用程序中提供不同的模板语言来生成 HTML 标记。在 ASP.NET MVC 以前的版本中，视图引擎仅有的内置选项是 ASPX，这一选项在 ASP.NET MVC 4 中依然存在，同时还添加了一个新选项 Razor，如图 1-5 所示。本书后面所有视图都是基于 Razor 视图引擎编写的。

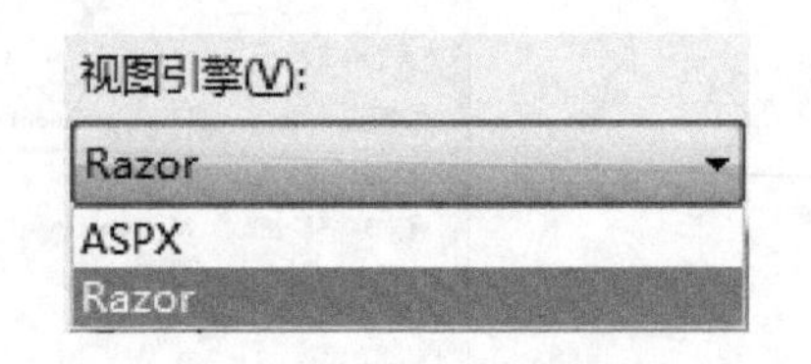

图 1-5　选择视图引擎

在图 1-4 的下方还有一个“创建单元测试项目”复选框，这个选项用来处理测试。

选择“创建单元测试项目”复选框之后又将显示一些选项：“测试项目名称”文本框用于为将创建的测试项目命名；“测试框架”下拉列表框用于选择一个测试框架，如图 1-6 所示。

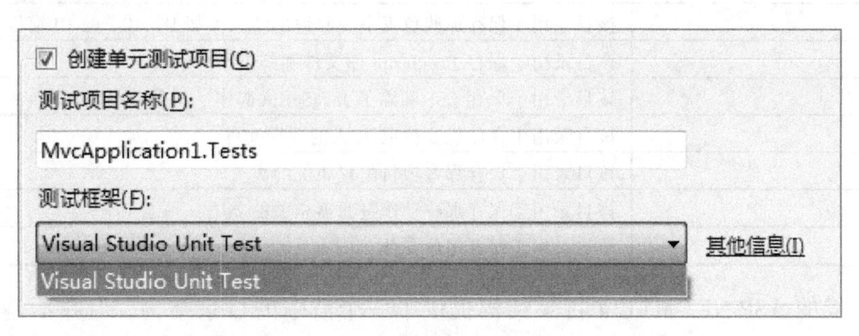

图 1-6 创建单元测试项目

从图 1-6 可以看到，“测试框架”下拉列表框中只有一个选项，这样看起来没有太大意义。之所以将这个选项用一个下拉列表框显示，是因为可以用这个对话框注册其他测试框架，如果已经安装了其他单元测试框架（如 XUnit、NUnit、MbUnit 等），那么它们也会出现在下拉列表框中。

目前暂不选择“创建单元测试项目”复选框，选择“Internet 应用程序”模板并选择 Razor 视图引擎创建第一个 ASP.NET MVC 项目。

1.2.3 ASP.NET MVC 应用程序的结构

在使用 Visual Studio 创建了一个新的 ASP.NET MVC 应用程序之后，将自动向这个项目中添加一些目录和文件，如图 1-7 所示。

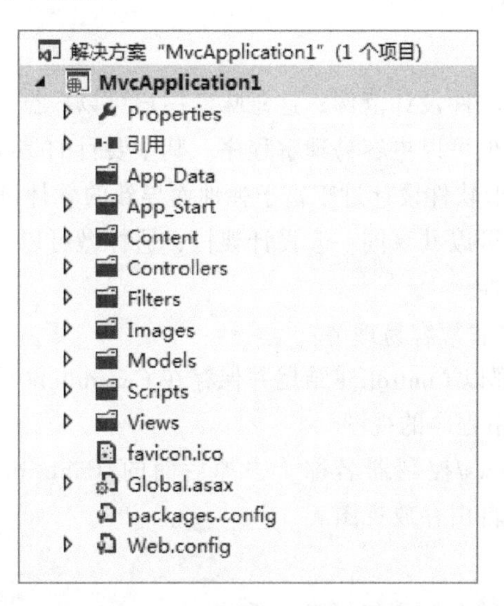

图 1-7 创建单元测试项目

ASP.NET MVC 4 项目默认含有 9 个顶级目录，每个目录都有特定的分工，如表 1-1 所示。

表 1-1　ASP.NET MVC 4 项目顶级目录及其用途

目　录	用　途
Controllers	该目录用于保存那些处理 URL 请求的 Controller 类
Models	该目录用于保存那些表示和操纵数据以及业务对象的类
Views	该目录用于保存那些负责呈现和输出结果（如 HTML）的 UI 模板文件
Scripts	该目录用于保存 JavaScript 库文件和脚本（.js）
Content	该目录用于保存 CSS 和除了 JavaScript 脚本、图像以外的东西
App_Data	该目录用于存储想要读取/写入的数据文件
App_Start	该目录用于保存那些项目配置相关的类
Filters	该目录用于保存那些动作过滤器相关的类
Images	该目录用于保存图像文件

默认生成的 ASP.NET MVC 4 目录结构提供了一个清晰的目录结构，但并不是必需的，是可以调整。事实上，那些处理大型应用程序的开发人员通常跨多个项目来分割应用程序，以便让该应用程序更易于管理（如数据模型常常位于一个单独的类库项目中）。

默认情况下，Controllers 目录自动创建两个控制器类 HomeController 和 AccountController；Views 目录中默认添加了 Home、Account 和 Shared 三个子目录和一些模板文件；Content 目录中默认添加了一个 Site.css 文件用于调整项目中所有 HTML 文件的样式；Scripts 目录中添加了一些常用 JavaScript 库。

这些由 Visual Studio 添加的默认文件提供了一个可以运行的 Web 应用程序的基本结构，包括首页、关于页面、基本的账户管理和一个用于错误处理的页面。

1.2.4　ASP.NET MVC 的约定

MVC 应用程序默认遵循一些约定，例如，视图文件默认的目录为\Views\[ControllerName]\[ActionName].cshtml。

1. 约定优于配置

约定优于配置是一种软件设计范例，这意味着用户可以根据经验（约定）编写应用程序而不需要进行配置，别人也可以更容易理解程序。其主要目的是缩短开发人员在设计架构时用于决策的时间，减少由于软件设计过于富于弹性而导致的软件过于复杂的情况。通过约定，同一个团队中的开发人员可以共享同一套设计架构，这样做可以减少思考时间，降低沟通成本，又不失软件开发的弹性。

ASP.NET MVC 的约定非常容易理解：

- 每个 Controller 类都以 Controller 结尾并保存在 Controllers 目录中。
- Views 目录存放应用程序的视图。
- 视图的路径为 Views/控制器名称（去掉后面的 Controller）/，但有一个共享目录/Views/Shared/可以自由存放视图。

2. 约定简化沟通

- 不需要配置计算机就会知道如何来执行。
- 程序容易被其他人员浏览、阅读和调试、维护。

通常情况下，软件设计模式的优势之一是它们建立了一种标准语言。由于 ASP.NET MVC

采用了 MVC 模式以及一些独特约定，这使得 ASP.NET MVC 开发人员能够轻松地理解不是自己编写的代码或以前编写但现在忘记了的代码，即使在大的应用程序中也是如此。

本章小结

本章涵盖了很多内容。首先对 ASP.NET MVC 进行了介绍，展示了 ASP.NET Web 框架和 MVC 软件模式如何结合起来为构建 Web 应用程序提供强大的系统。回顾了 ASP.NET MVC 经由三个版本发展成熟的历程，深入讲解了 ASP.NET MVC 的特征及其关注点。在后面的章节中本书将更加详细地介绍 ASP.NET MVC 的每个部分。

习题

1. 什么是 MVC 软件模式？
2. 能否让 ASP.NET MVC 与 ASP.NET Web Forms 在同一个项目中？该如何做？
3. ASP.NET MVC 的执行生命周期是怎样的？

第2章 初识 ASP.NET MVC 项目开发

学习目标

- 了解 ASP.NET MVC 项目基本的目录结构
- 了解 ASP.NET MVC 项目中核心模块的作用
- 掌握 ASP.NET MVC 项目中核心模块的创建

重点难点

- 创建 ASP.NET MVC 项目
- 创建控制器
- 创建数据模型
- 创建视图

本章将利用 ASP.NET MVC 项目模板，快速创建一个非常简单的留言板程序，带领大家体验 ASP.NET MVC 网站的开发过程，并由浅入深，逐步讲解 ASP.NET MVC 项目开发方法。

2.1 创建 ASP.NET MVC 项目——留言板

2.1.1 利用项目模板创建 ASP.NET MVC 项目

在 Visual Studio 2012 中提供了完整的 ASP.NET MVC 项目模板，利用此模板可以快速创建标准的 ASP.NET MVC 项目。利用 ASP.NET MVC 项目模板创建项目的步骤如下：

（1）启动 Visual Studio 2012，选择“文件”→“新建”→“项目”命令（见图 1-2）。

（2）在“新建项目”对话框左侧区域选择“已安装”→“模板”→“Visual C#”→“Web”选项，然后在中间区域选择“ASP.NET MVC 4 Web 应用程序”选项（见图 1-3），设置好项目名称（MessageBoard）和保存位置，单击“确定”按钮。

（3）在“新 ASP.NET MVC 4 项目”对话框的“选择模板”列表框中选择“Internet 应用程序”模板，在“视图引擎”下拉列表框中选择“Razor”，目前暂不选择“创建单元测试项目”复选框（见图 1-4），单击“确定”按钮。

（4）此时，ASP.NET MVC 4 项目已经创建完成，选择“调试”→“开始调试”命令即可启动一个默认的 ASP.NET MVC 网站，如图 2-1 所示。

该网站已具备基本的功能，包括简单的页面和会员机制。这些页面都是套用主版页面（Layout Page），使用 ASP.NET 内置的 Membership 功能，可以进行会员注册、登录、注销等操作。

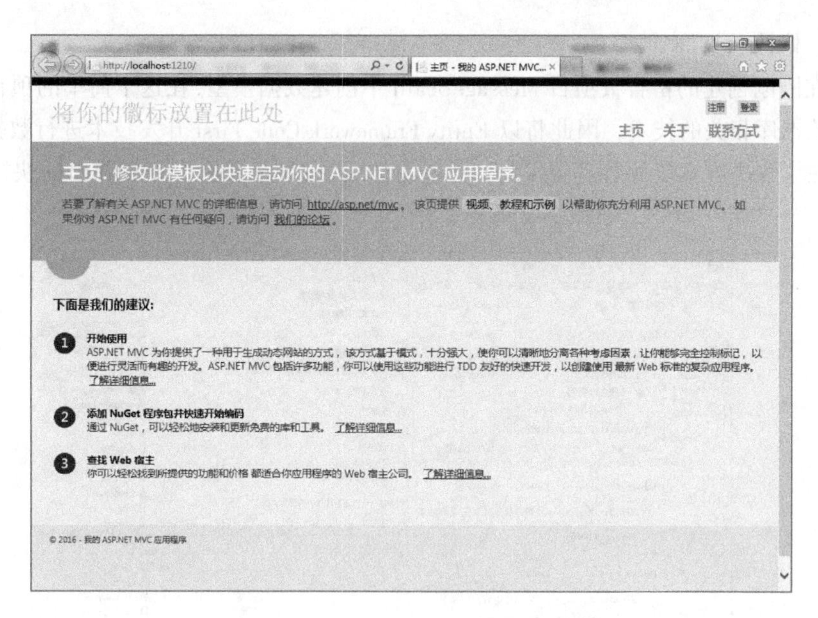

图 2-1　初始的 ASP.NET MVC 4 网站

ASP.NET MVC 4 项目创建完成后，会自动创建几个标准的目录结构与重要文档（详细内容在第 1 章已经介绍过）。浏览这个刚刚创建的 ASP.NET MVC 4 网站，比较 ASP.NET MVC 与 ASP.NET Web Forms 的差别，很容易发现 ASP.NET Web Forms 与 ASP.NET MVC 之间在查找程序代码位置时不一样的地方，详见表 2-1。

表 2-1　ASP.NET Web Forms 与 ASP.NET MVC 在查找程序代码位置时的区别

页面名称	使用技术	网　址	程序代码位置
首页	ASP.NET Web Forms	http://localhost	/Index.aspx（页面） /Index.aspx.cs（程序代码）
	ASP.NET MVC	http://localhost	/Controller/HomeController.cs（程序代码） /Views/Home/Index.cshtml（页面）
关于	ASP.NET Web Forms	http://localhost/About.aspx	/About.aspx（页面） /About.aspx.cs（程序代码）
	ASP.NET MVC	http://localhost/Home/About	/Controller/HomeController.cs（程序代码） /Views/Home/About.cshtml（页面）

对 ASP.NET Web Forms 来说，“网址路径”等同于“文件路径”。但 ASP.NET MVC 若要通过“网址路径”查找文件，就必须配合 ASP.NET MVC 架构来进行。事实上，ASP.NET MVC 的网址路径与文件路径的对应关系是通过网址路由来定义的。在本书后面的章节中将会对 ASP.NET MVC 网址路由进行详细说明。

2.1.2　创建数据模型

在 ASP.NET MVC 中，Model 负责所有与数据有关的任务，不管是 Controller 还是 View，都会参考 Model 里面定义的数据类型，或是使用数据模型里定义的一些数据操作方法，如新建、删除、修改、查询等。

继续在刚刚创建的留言板项目 MessageBoard 中创建数据模型，在这个简单的项目中不会涉及过多与数据库相关的技术，因此将以 Entity Framework Code First 开发技术进行数据库访问。

（1）在“解决方案资源管理器”窗口中选择 Models 目录并右击，在弹出的快捷菜单中选择“添加”→“类”命令，如图 2-2 所示。

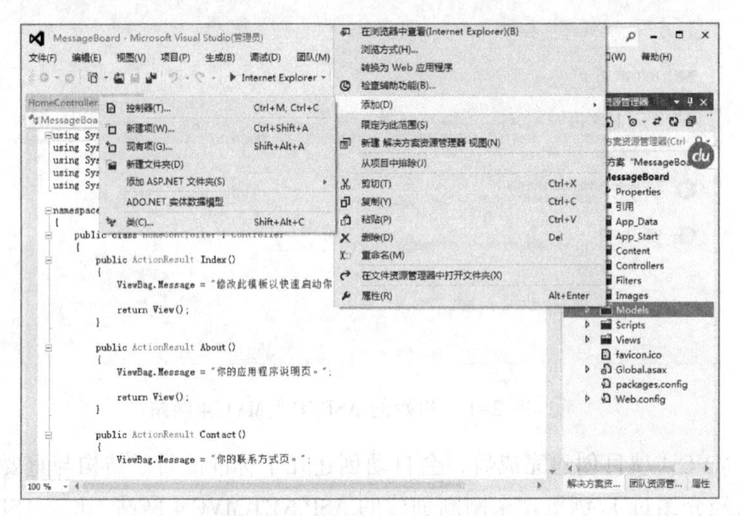

图 2-2　选择 Models 目录并添加类

（2）在弹出的“添加新项”对话框中将类命名为 Message.cs，单击“添加”按钮，如图 2-3 所示。

图 2-3　设置类名称

（3）在类里定义留言板所需的数据模型，程序代码如下：

```
namespace MessageBoard.Models
{
```

```
    public class Message
    {
        public int  Id { get; set; }
        public string  姓名 { get; set; }
        public string  内容 { get; set; }
        public string  Email { get; set; }
    }
}
```

（4）选择“生成”→“生成解决方案”命令，生成一次解决方案，并确认没有语法错误，如图 2-4 所示。

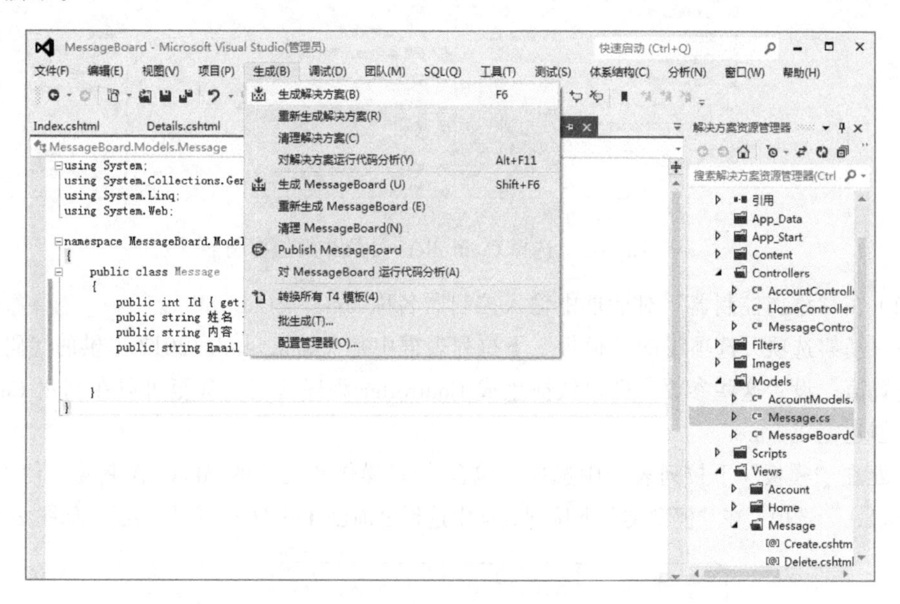

图 2-4　生成解决方案

ASP.NET MVC 的 Model 其实非常有弹性，可以采用很多方式访问数据库，如 ADO.NET、LINQ to SQL、Entity Framework 等，其中 Entity Framework 是 ASP.NET MVC 框架推荐使用的数据模型，所以在本书的后续章节中将重点介绍如何利用 Entity Framework 技术创建数据模型。

2.1.3　创建控制器、动作与视图

ASP.NET MVC 的核心就是 Controller，它负责处理浏览器传送过来的所有请求，并决定要将什么内容响应给浏览器。但控制器并不负责决定内容应该如何显示，而是仅将特定格式的数据响应给 ASP.NET MVC 架构，最后才由 ASP.NET MVC 架构依据响应的形态来决定如何将数据响应给浏览器。

创建控制器和动作的步骤如下：

（1）在“解决方案资源管理器”窗口中选择 Controllers 目录并右击，在弹出的快捷菜单中选择“添加”→“控制器”命令，如图 2-5 所示。

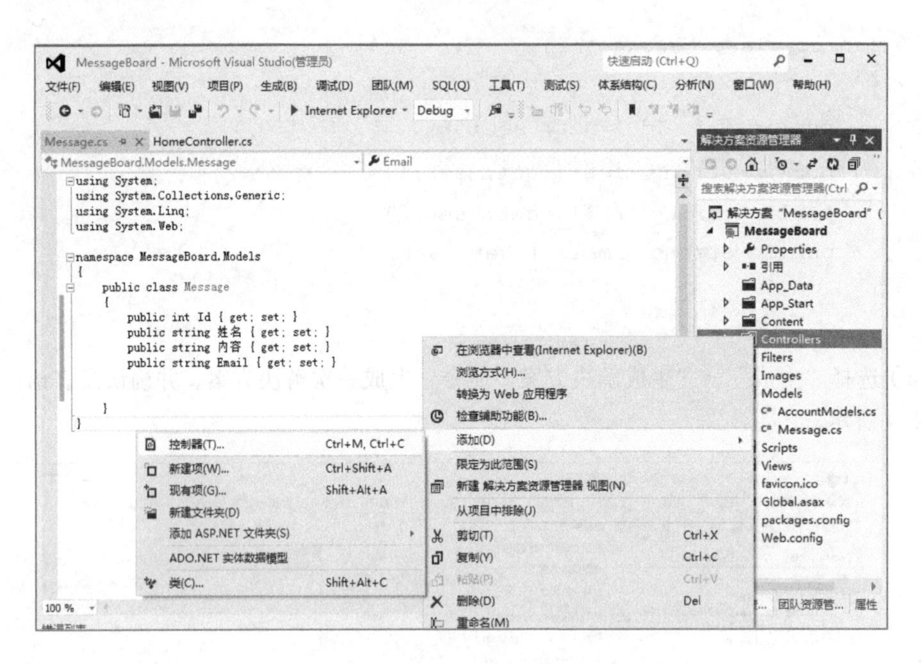

图 2-5　选择 Controllers 目录并添加控制器

（2）在“添加控制器”对话框中输入控制器名称 MessageController。

在“基架选项”选项组的“模板”下拉列表框中是 Visual Studio 2012 提供的代码生成器模板设置值，设置这些参数，即可快捷生成 Controller 程序代码，甚至可以在创建 Controller 的同时创建完成 View。

此处在“模板”下拉列表框中选择“包含读/写操作和视图的 MVC 控制器（使用 Entity Framework）”选项，在“模型类”下拉列表框中选择之前创建的 Message 模型类，如图 2-6 所示。

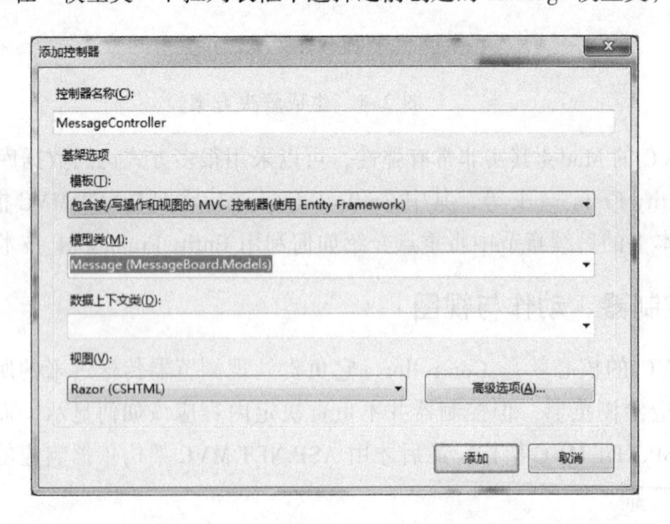

图 2-6　为控制器命名并设置基架选项

（3）设置“基架选项”选项组中的“数据上下文类”，由于尚未创建“数据上下文类”，所以在其下拉列表框中选择“<新建数据上下文...>”选项，如图 2-7 所示。

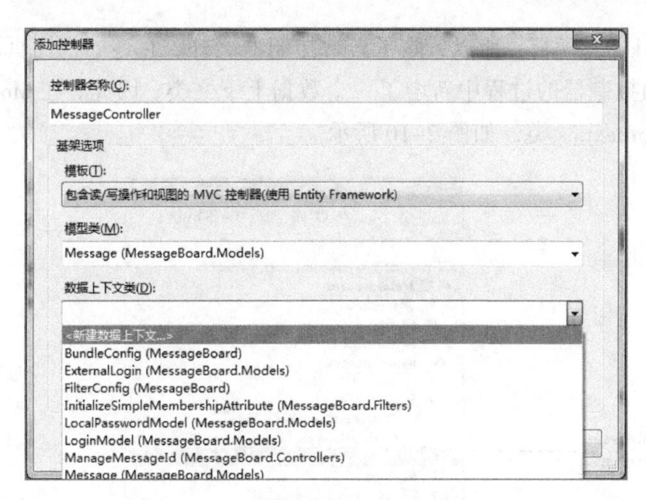

图 2-7　设置数据上下文类

选择之后在“新建数据上下文”对话框中默认会填上“项目名称”+Context 作为类型的名称，可以更改它或直接使用默认值。此处使用默认值，单击“确定”按钮，如图 2-8 所示。

图 2-8　新建数据上下文

（4）单击“添加”按钮完成“添加控制器”设置，如图 2-9 所示。

图 2-9　完成“添加控制器”设置

此时，Visual Studio 2012 会在 Controllers 目录下创建一个名为“MessageController.cs”的 Controller 类。此外，由于在添加控制器时选择了“包含读/写操作和视图的 MVC 控制器（使用 Entity Framework）”模板，所以，除了新增控制器之外，它连同视图页面也全部一次创建完成。由于在添加控制器的过程中新增了一个数据上下文类，因此，在 Models 目录下多了一个 MessageBoardContext.cs 类，如图 2-10 所示。

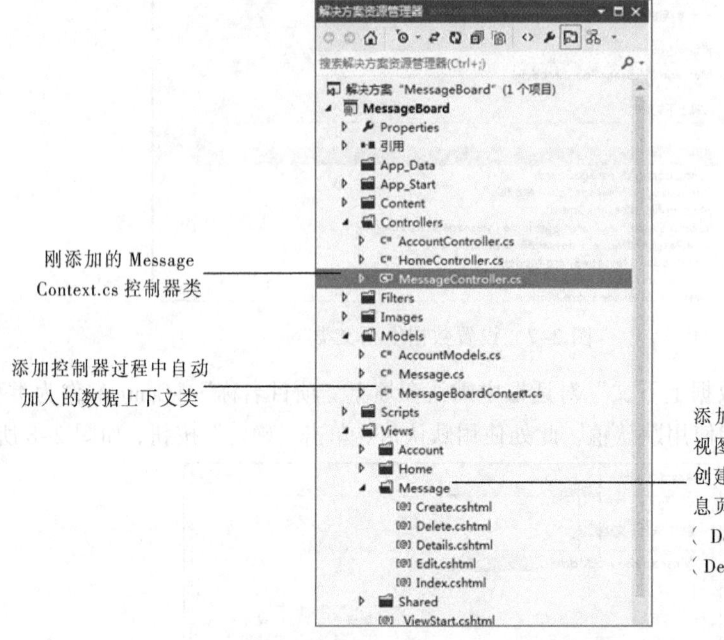

图 2-10　创建控制器和视图

2.1.4　测试留言板项目

至此留言板网站开发完成了。选择“调试”→“启动调试”命令（或按【F5】键）将网站运行起来。网页运行起来后需要更改 URL 进入刚创建的 Message 控制器查看页面，也就是在网址路径后面加上 Message，然后按【Enter】键进入该页面，如图 2-11 所示。

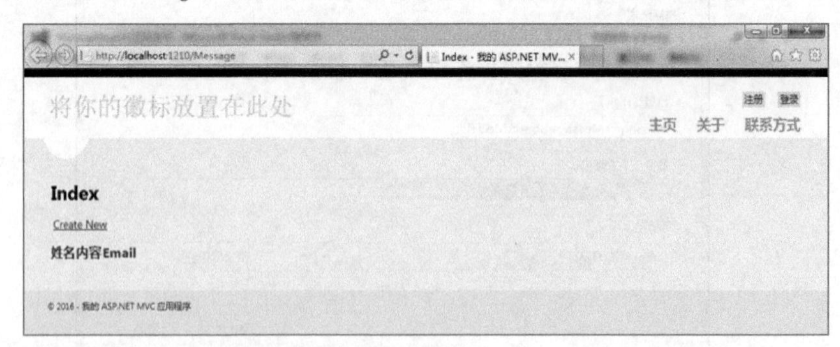

图 2-11　更改网址进入 Message 的默认 Index 页面

进入该页面后会看到三个字段（姓名内容 Email），和 Message 模型类中的属性一样，但还没有任何信息。这个页面中还有一个 Create New 超链接，单击该超链接，进入“创建留言”页面，如图 2-12 所示。

在 Create New 页面直接输入相应的内容，单击“Create”按钮，如图 2-13 所示。

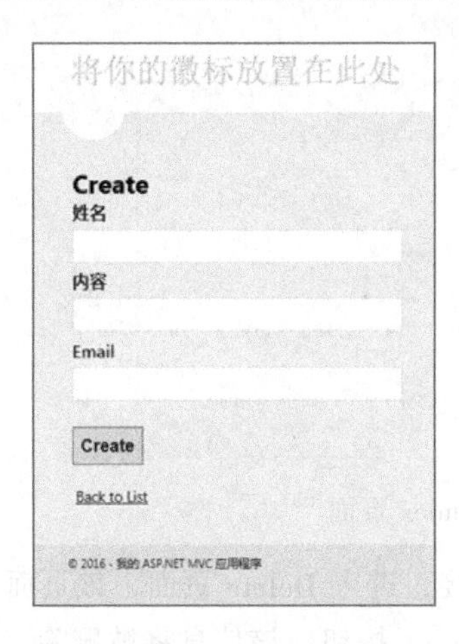

图 2-12 Message 的 Create 页面

图 2-13 添加留言板记录

单击“Create”按钮后，会回到 Index 页面，但刚才添加的留言信息已经写入数据库了，如图 2-14 所示。

图 2-14 返回到 Message 的 Index 页面

在该页面可以看到刚添加的留言信息后面有 3 个超链接：Edit、Details、Delete。下面测试一下 Edit 功能。单击 Edit 链接，进入 Edit 页面，该页面和刚才的 Create 页面类似，但是刚才输入的数据会被自动带入。对刚添加的留言信息进行编辑，如修改留言内容，如图 2-15 所示。

图 2-15 Message 的 Edit 页面

修改完成后单击“Save”按钮，对数据进行保存，返回到 Index 页面，看到“内容”字段已经更新成功，如图 2-16 所示。

图 2-16　更新后的 Index 页面

下面测试一下 Delete 功能。单击“Delete”超链接，进入 Delete 页面，该页面首先显示当前要删除的留言信息，如图 2-17 所示。单击“Delete”按钮，该信息将被删除。

图 2-17　Message 的 Delete 页面

ASP.NET MVC 4 的项目开发通常都是这样的，拥有程序代码后，只需调整 View 的界面呈现、Model 的验证规则、Controller 的动作实现，就可以快速完成项目开发。

2.2　查看数据库属性

在前面创建的留言板程序中，留言信息数据被保存在哪里了呢？在“解决方案资源管理器”窗口的 App_Data 目录中有一个隐藏的数据库文件，为了看到这些隐藏文件，单击“解决方案资源管理器”中的“显示所有文件”按钮，再展开 App_Data 文件夹，即可看到相关的数据库文档，如图 2-18 所示。

在 App_Data 文件中会看到自定义的 MessageBoardContext 数据库类和自动生成的数据库，并在 Web.config 中创建了一个新的 MessageBoardContext 连接字符串，而且在 Models\AccountModels.cs 文档中也有一个 UsersContext 类，负责控制数据库的操作。

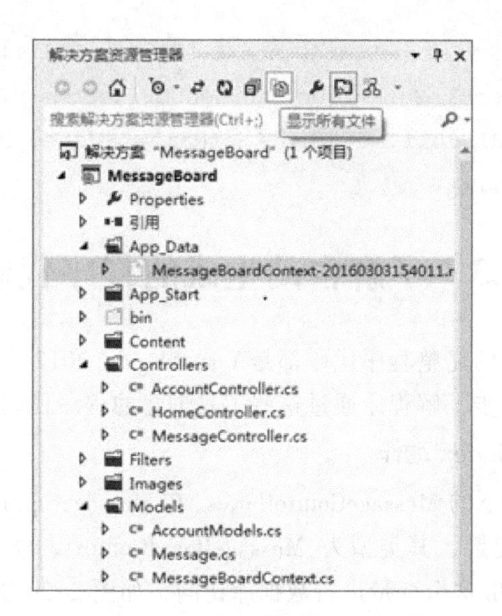

图 2-18　显示所有数据库文件

要从 Visual Studio 2012 中查看数据库属性，可直接双击数据文档，开启“服务器资源管理器”，选择 MessageBoardContext-（日期时间）.mdf 文档，打开之后就可以在服务器管理中浏览数据或变更数据库架构，如图 2-19 所示。

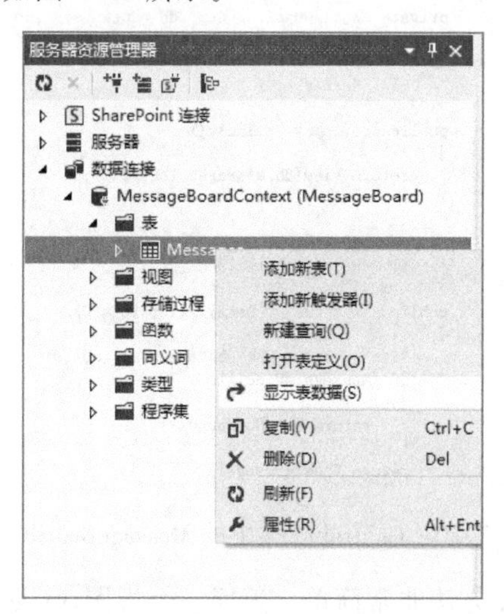

图 2-19　显示数据库表文件

以下是 Web.config 中的数据库连接字符串：

```
<connectionStrings>
    <add name="DefaultConnection" connectionString="Data Source=(LocalDb)
\v11.0;Initial Catalog=aspnet-MessageBoard-20171011125035;Integrated Security=
SSPI;AttachDBFilename=|DataDirectory|\aspnet-MessageBoard-20171011125035.mdf"
providerName="System.Data.SqlClient" />
    <add name="MessageBoardContext" connectionString="Data Source=(localdb)
```

```
\v11.0; Initial Catalog=MessageBoardContext-20171011143744; Integra ted Security=True; MultipleActiveResultSets=True; AttachDbFilename=|Data Directory|MessageBoardContext-20160303154011.mdf"providerName="System.Data.SqlClient" />
    </connectionStrings>
```

2.3 了解自动生成的程序代码

刚创建的留言板程序的完整程序代码都是 Visual Studio 2012 的 ASP.NET MVC 4 项目模板帮助用户创建的。下面逐步了解程序通过这些工具创建的程序代码，方便后续的学习。

1. 了解列表页面的 Index 动作

打开 Controllers 目录下的 MessageController.cs，在 MessageController 类内的第一行定义了一个名为 db 的类私有变量，其类型为 MessageBoardContext，就是数据库内容类，在整个 Controller 类中都会使用 db 这个变量进行数据库访问，如图 2-20 所示。

```
MessageBoard.Controllers.MessageCo  db
using System.Web.Mvc;
using MessageBoard.Models;

namespace MessageBoard.Controllers
{
    public class MessageController : Controller
    {
        private MessageBoardContext db = new MessageBoardContext();

        //
        // GET: /Message/

        public ActionResult Index()
        {
            return View(db.Messages.ToList());
        }

        //
        // GET: /Message/Details/5

        public ActionResult Details(int id = 0)
        {
            Message message = db.Messages.Find(id);
            if (message == null)
            {
                return HttpNotFound();
            }
            return View(message);
```

图 2-20 Controller 类中的 MessageBoardContext 类

图 2-20 中所示的 Index 方法非常简单，返回一个视图 View()，View()是来自于 Controller 基类的一个辅助方法（Helper Method）。

切换到 Index 动作方法（Action Method）所对应的视图页面（View Page），如图 2-21 所示。

2. 了解页面的 Index 视图

在 Views\Message\Index.chtml 视图页面的第一行，是一个@model 声明，后面接着一个类，该类是一个 Message 的集合对象（IEnuumerable），所代表的是这个 View 将会以用@model 声明的类为“主要模型”，在 View 中的程序代码也将参考该类。

```
@model IEnumerable<MessageBoard.Models.Message>
```

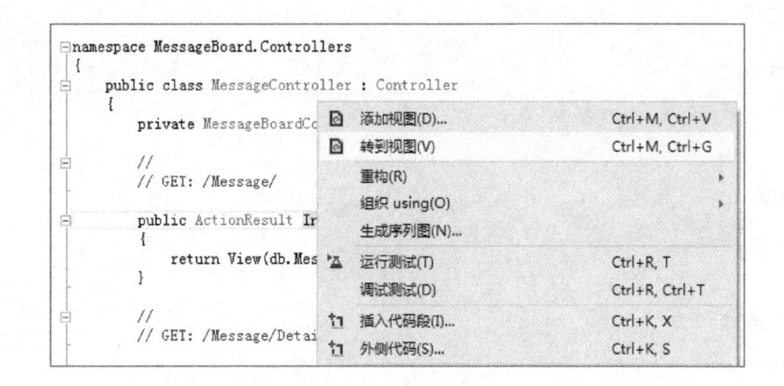

图 2-21　Controller 类中的 MessageBoardContext 类

接下来的这段 ViewBag.Title 的设置是要传给主版页面(Layout Page)用的，将显示在 HTML 的<title>标签里。

```
@{
    ViewBag.Title = "Index";
}
```

接下来的这句代码是用来创建一个 ASP.NET MVC 的超链接，超链接显示名称为“Create New”，而该超链接将会超链接到当前这页控制器的 Create 动作（Action），超链接的输出则由 ASP.NET MVC 负责。

```
@Html.ActionLink("Create New", "Create")
```

在列表页面，有一个<table>标签，表示数据将以表格形式输出。

```
<tr>
    <th>
        @Html.DisplayNameFor(model => model.姓名)
    </th>
    <th>
        @Html.DisplayNameFor(model => model.内容)
    </th>
    <th>
        @Html.DisplayNameFor(model => model.Email)
    </th>
    <th></th>
</tr>
```

这里的@Html.DisplayNameFor 辅助方法主要用于输出特定字段的显示名称，传入的参数采用 Lambda Expression 表示法，该表示法中的 Model 变量代表的正是用户在 View 中第一页设置的@model 类，在挑选字段时可以利用 Visual Studio 2012 的 Intellisense（智能关联）帮助用户进行选择。

@Html.DisplayNameFor 默认会直接输出属性名称，所以上述程序代码最后输出的 HTML 如下：

```
<tr>
```

```
        <th>
            姓名
        </th>
        <th>
            内容
        </th>
        <th>
            Email
        </th>
        <th></th>
    </tr>
```

Index 页面的最后一段代码是一个 foreach 循环，且数据来自于 Model 对象。这里的 Model 对象是每个 View 都有的属性，代表的就是从 Controller 传过来的数据。

下面这段代码表示，通过循环读取出 Model 中的每条数据。

```
@foreach (var item in Model) {
    <tr>
        <td>
            @Html.DisplayFor(modelItem => item.姓名)
        </td>
        <td>
            @Html.DisplayFor(modelItem => item.内容)
        </td>
        <td>
            @Html.DisplayFor(modelItem => item.Email)
        </td>
        <td>
            @Html.ActionLink("Edit", "Edit", new { id=item.Id }) |
            @Html.ActionLink("Details", "Details", new { id=item.Id }) |
            @Html.ActionLink("Delete", "Delete", new { id=item.Id })
        </td>
    </tr>
}
```

3. 了解创建信息窗体的 Create 动作

切换到 MessageController 类，可以看到这个控制器中有两个同名的 Create 方法，从代码注释可以看出，第一个是给 HTTP GET 方法用的，另一个是给 HTTP POST 方法用的。

这里值得一提的是，第二个 Create 方法特别套用一个 HttpPost 属性，该属性告知 ASP.NET MVC 框架此动作（Action）只会接受 HTTP POST 过来的信息，这个属性又有一个专有名词，称为动作过滤器（Action Filter）或动作选择器（Action Selector）。

```
// GET: /Message/Create
public ActionResult Create()
{
    return View();
}
// POST: /Message/Create
[HttpPost]
public ActionResult Create(Message message)
{
    if (ModelState.IsValid)
    {
        db.Messages.Add(message);
        db.SaveChanges();
        return RedirectToAction("Index");
    }
    return View(message);
}
```

当进入 http://localhost:1210/Message/Create 页面时，HTTP 要求的方法一定是 GET 方法，因此第一个 Create()动作会先被 ASP.NET MVC 选中运行，显示默认的 Create 视图页面(View Page)。

4. **了解创建信息窗体的 Create 视图**

切换到 Create 的视图页面，如图 2-22 所示。

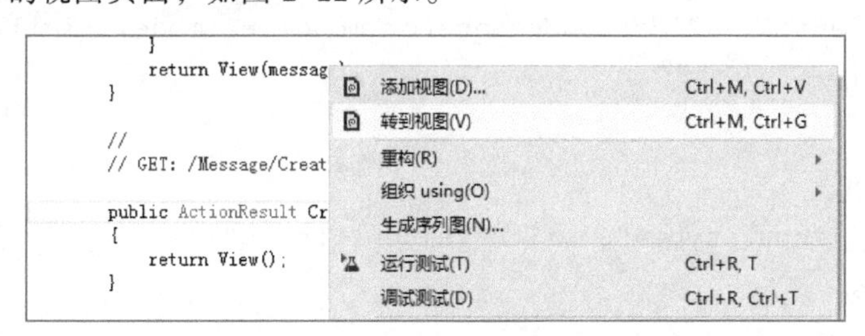

图 2-22　从 Create 动作转到 Create 视图

Create.chtml 跟刚才的 Index.chtml 一样，一开始就是@model 声明，声明此页面以 MessageBoard.Models.Message 为主要模型。

```
@model MessageBoard.Models.Message
```

接着是 ASP.NET MVC 的窗体声明和窗体内的 HTML 声明，代码如下：

```
@using (Html.BeginForm()) {
    @Html.ValidationSummary(true)

    <fieldset>
        <legend>Message</legend>
```

```
        <div class="editor-label">
            @Html.LabelFor(model => model.姓名)
        </div>
        <div class="editor-field">
            @Html.EditorFor(model => model.姓名)
            @Html.ValidationMessageFor(model => model.姓名)
        </div>

        <div class="editor-label">
            @Html.LabelFor(model => model.内容)
        </div>
        <div class="editor-field">
            @Html.EditorFor(model => model.内容)
            @Html.ValidationMessageFor(model => model.内容)
        </div>

        <div class="editor-label">
            @Html.LabelFor(model => model.Email)
        </div>
        <div class="editor-field">
            @Html.EditorFor(model => model.Email)
            @Html.ValidationMessageFor(model => model.Email)
        </div>

        <p>
            <input type="submit" value="Create" />
        </p>
    </fieldset>
}
```

代码开始的 Html.BeginForm()辅助方法将会输出<form>标签，必须以 using 括起来，这样可以在 using 程序代码最后退出时，让 ASP.NET MVC 帮助补上</form>标签。以本页面为例，最后窗体输出的 HTML 结构如下：

```
<form action="/Message/Create"  method="post">
…
</form>
```

接下来的这段代码用于显示当前表单域发生验证失败时，显示的错误消息：

```
@Html.ValidationSummary(true)
```

在这个创建信息窗体中一共有三个字段，这三个字段的定义都差不多，代码如下：

```
<div class="editor-label">
```

```
        @Html.LabelFor(model => model.姓名)
    </div>
    <div class="editor-field">
        @Html.EditorFor(model => model.姓名)
        @Html.ValidationMessageFor(model => model.姓名)
    </div>
```

这里的@Html.LabelFor 用来显示特定字段的显示名称。而@Html.DisplayNameFor 只会输出域名。@Html.DisplayNameFor 和@Html.LabelFor 的输出比较如表 2-2 所示。

表 2-2　@Html.DisplayNameFor 和@Html.LabelFor 的输出比较

Razor 语法	HTML 输出结果
@Html.DisplayNameFor(model=> model.Email)	电子邮件地址
@Html.LabelFor(model=> model.Email)	<label for="Email">电子邮件地址</label>

在 ASP.NET MVC 中主要使用@Html.EditorFor 输出表单域，例如 @Html.EditorFor(model=> model.姓名)输出的 HTML 代码为：

```
<input class="text-box single-line" name="姓名" type="text" value=""/>
```

最后一个@Html.ValidationMessageFor 用来显示字段验证的错误消息，不过，在 Create 页面中，用户并没有做出任何字段验证的设置，关于字段验证，在后续章节中再详细讲解。

5. **了解接收信息窗体的 Create 动作**

创建信息的窗体完成后，窗体默认会将数据传递给同名的 Create 动作方法，因此，下面来看另一个 Create 动作方法的程序代码：

```
//
// POST: /Message/Create

[HttpPost]
public ActionResult Create(Message message)
{
    if (ModelState.IsValid)
    {
        db.Messages.Add(message);
        db.SaveChanges();
        return RedirectToAction("Index");
    }
    return View(message);
}
```

这里的 Create 方法传入一个参数 message，类型为 message，而这个类型也就是用户在 Model 目录下创建的 message 模型类型。

在 ASP.NET MVC 中，通过窗体传递到 Action 时，会将表单域信息自动绑定到传入 Action 动作方法的所有参数中，而且只要属性的名称与窗体传入的名称一样，就会自动将数据填入该对象，这样的过程称为数据模型绑定（Model Binding）。表 2-3 所示为 HTML 窗体传入的字段以及 message 类的属性对照。

表 2-3　HTML 窗体传入的字段以及 message 类的属性对照

HTML 窗体传入的字段	Message 类的属性名称
	Id
姓名	姓名
内容	内容
Email	Email

因为窗体传入了 3 个字段，所以当 ASP.NET MVC 运行到 Action 时，就会自动将窗体数据填入到 message 参数的对象属性中。

接下来的 ModelState.IsValid 用来判断模型的验证状态是否有效，如果验证没有问题，就可以利用 Entity Framework 标准的方法将数据写入数据库。

这个 Create 方法的 return RedirectToAction("Index");代码事实上也是来自于 Controller 基类的一个辅助方法（Helper Method），它会回传一个 RedirectToRouteResult 类型的对象，并让服务器响应 HTTP 301 转址的 HTTP 要求，让浏览器转向到 Index 的这个 Action。

如果 ModelState.IsValid 传回 false,则代表 Model 验证失败,这时便会运行 Return View(message);将 message 再次传回 View 中。这样写的意义，主要在于将客户端窗体传来的数据再次回填到这次显示的窗体上，避免用户输出错误信息。再次显示窗体时，所有已填写的数据消失。

6. 了解编辑信息窗体的 Edit 动作

在 MessageController 类中，一样有两个同名的 Edit 方法，其原理与 Create 动作方法一样，一个通过 HTTP GET 负责显示编辑信息的窗体，另一个通过 HTTP POST 负责实际更新数据库中的属性。

其中第一部分的 Edit 动作方法是通过 Model 的 Entity Framework 将数据从数据库中取出，并将其传入 View 中。若发现数据库中找不到对应的 Id 时，则回应 HttpNotFound()方法运行的结果。事实上 HttpNotFound()方法也是来自于 Controller 基类的一个辅助方法（Helper Method），它会回传一个 HttpNotFoundResult 类型的对象，并让服务器响应 HTTP 404 找不到网页 HTTP 的请求。

7. 了解编辑信息窗体的 Edit 视图

这部分的页面与 Create 页面几乎一样，但在编辑信息的 View 中可以看到另一个 @Html.HiddenFor 辅助方法，该辅助方法主要用来生成 HTML 窗体的隐藏域：

```
@Html.HiddenFor(model=>model.Id)
```

8. 了解接收信息窗体的 Edit 动作

当完成编辑信息窗体后，窗体默认会将信息送回给同名的 Edit 动作方法，HttpPost Edit 动作方法的代码和 Create 动作方法的程序代码类似，唯一不同的是 Entity Framework 等数据操作程序代码。Delete 和 Details 动作几乎都是相同的，此处不再赘述。

本章小结

本章首先利用项目模板创建了留言板项目，包括数据模型、控制器、动作与视图的创建，并对创建的留言板进行了测试。接着对自动生成的代码进行了讲解，以帮助初学者了解 ASP.NET MVC 页面的动作、视图及许多重要功能与特性。对于比较详细的技术内容，将在后面的章节中进行深入分析。

习 题

一、简答题

1. 什么是 ASP.NET MVC？与 ASP.NET 有什么区别？
2. 简述控制器、视图和数据模型的作用。
3. 创建一个简易的 ASP.NET MVC 留言板网站。

二、操作题

主要任务

- 创建 ASP.NET MVC 网上书店项目。
- 修改页面模板。
- 修改 HomeController。
- 添加 StoreController。

实施步骤

1. 创建初始项目

根据 2.2 节中介绍的步骤创建一个 ASP.NET MVC 项目，注意将项目名称改为“MvcBook Store”并且选择“Internet 应用程序”模板和使用“Razor”视图引擎。

2. 调整页面模板

根据 ASP.NET MVC 网上书店需求，将用新的页面模板（母版页与 CSS 等）替换原始的页面模板，同时也保留原始的页面模板给用户管理部分使用。具体做法如下：

（1）在“解决方案资源管理器”中的“Content”文件夹下面创建“Account”文件夹，并且将“Content”文件夹下面的“themes”文件夹和“Site.css”文件移动到“Account”文件夹下，如图 2-23 所示。

图 2-23 调整“Content”文件夹内容

（2）将“解决方案资源管理器”中的“Views”文件夹下的“Shared”文件夹中的母版页文件“_Layout.cshtml”移动到“Views”文件夹下的Account文件夹中，如图2-24所示。

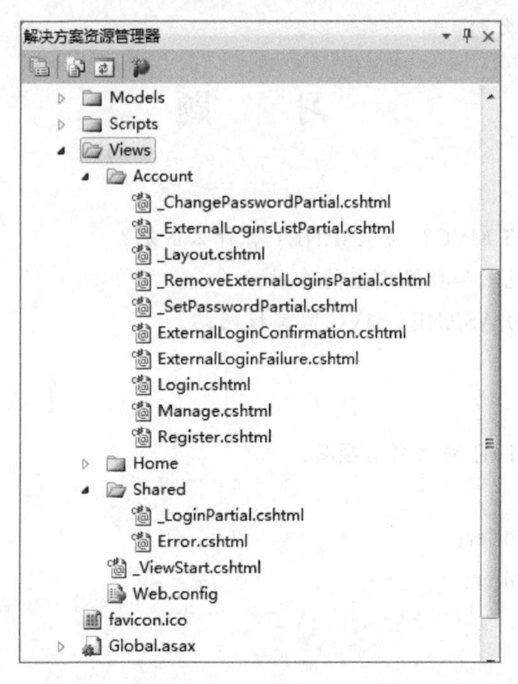

图2-24　调整原始“_Layout.cshtml”文件位置

通过上述步骤，已经将项目默认的页面模板文件转移到了用户管理部分。

3. 修改HomeController代码

HomeController是一个控制器类，创建ASP.NET MVC项目时会生成一个默认的HomeController类，但在ASP.NET MVC网上书店中默认的HomeController类并不能满足要求，用户需要HomeController类能根据URL返回网站的主页。将HomeController代码改为如下内容：

```
using System;
using System.Collections.Generic;
using System.Linq;
using System.Web;
using System.Web.Mvc;
namespace MvcBookStore.Controllers
{
    public class HomeController : Controller
    {
        public string Index()
        {
            return "ASP.NET MVC网上书店首页";
        }
```

```
    }
}
```

代码修改好后可以运行项目，将看到如图 2-25 所示的页面。

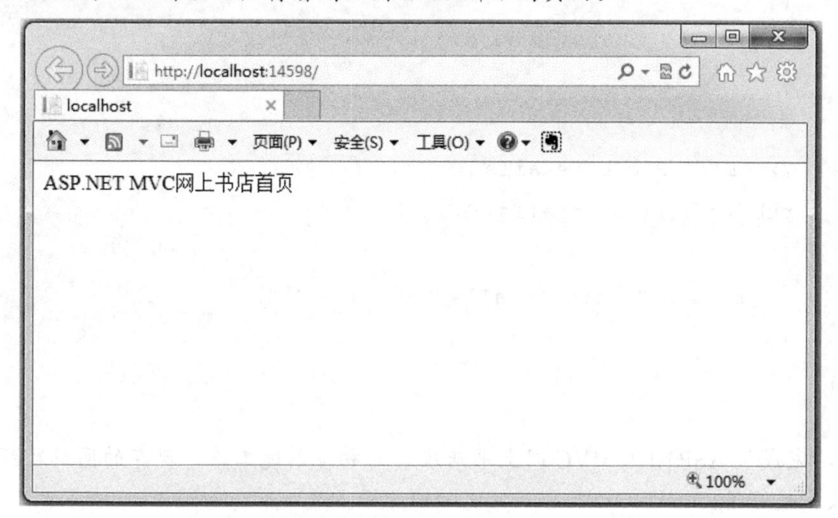

图 2-25　当前的首页

4. 添加 StoreController

根据 2.3 节中介绍的步骤创建一个名为“StoreController”的控制器类。用户将使用 StoreController 来实现网上书店的书籍浏览功能，该控制器将实现三个主要功能：查看全部书籍种类、查看某一种类的全部书籍和显示某一书籍详细信息。

创建好 StoreController 类后，按如下方式添加和修改类代码：

```
using System;
using System.Collections.Generic;
using System.Linq;
using System.Web;
using System.Web.Mvc;
namespace MvcBookStore.Controllers
{
    public class StoreController : Controller
    {
        //
        // GET: /Store/
        public string Index()
        {
            return "Store.Index()";
        }
        //
```

```
        // GET: /Store/Browse
        public string Browse(int id)
        {
            return "Store.Browse(" + id + ")";
        }
        //
        // GET: /Store/Details
        public string Details(int id)
        {
            return "Store.Details(" + id + ")";
        }
    }
}
```

至此，完成了 ASP.NET MVC 网上书店项目的初步创建工作，现在的网站已经可以对以下 URL 做出反馈了：

```
/Home
/Store
/Store/Browse/5
/Store/Details/6
```

这些 URL 分别对应：显示首页、显示全部书籍种类、显示给定种类编号的书籍和显示给定书籍编号书籍的详细信息。

当运行项目，并浏览“/Store/Browse/5”地址时，将看到图 2-26 所示的页面。

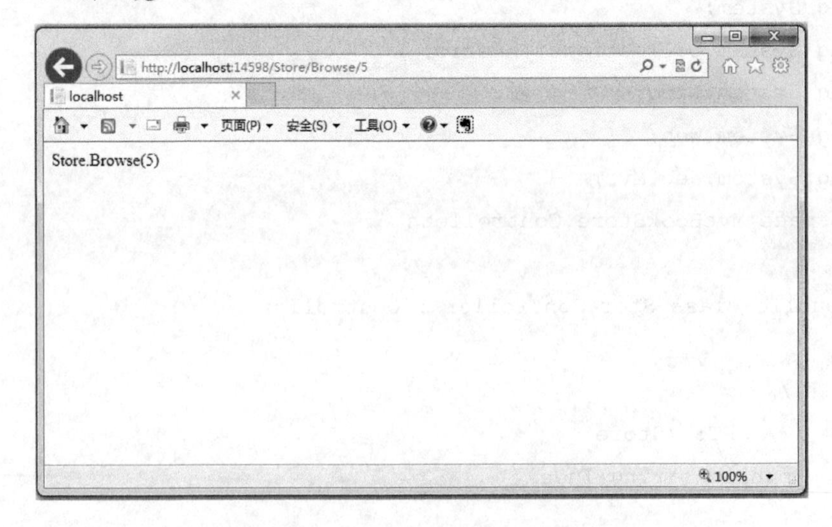

图 2-26　显示给定种类编号的书籍页面

数据模型

学习目标

- 了解数据模型的基础知识
- 熟悉基于 LINQ to SQL 的数据模型
- 理解基于 Entity Framework 的数据模型
- 了解自定义数据模型
- 掌握基于 Entity Framework 的数据模型的创建
- 掌握基于 Entity Framework 的数据模型的数据查询、更新、添加与删除

重点难点

- 数据模型
- 基于 Entity Framework 的数据模型
- 库模式数据模型

在开发基于 ASP.NET MVC 网站的过程中，Model（数据模型）通常是整个项目中首先要开发的部分，所有需要进行数据访问的操作都需要通过调用数据模型完成。数据模型负责通过数据库、Web Service、活动目录或其他方式获得数据，或者将用户输入的数据通过上述方式保存。本章通过一个简化版的在线书店项目讲解数据模型的创建和使用。

为实现在线书店项目，下面创建一个名为 MvcBookStore 的数据库，该数据库包含 Books 和 Orders 两个数据表，分别存放书籍数据和订单数据。为了便于讲解，假设一个订单只包含一本书，暂且让订单与书籍为多对一的关系，但要注意，在实际的项目开发中订单与书籍应该是多对多的关系。

Books 数据表相关字段和说明如表 3-1 所示。

表 3-1 Books 字段设计及说明

字段名	数据类型	字段说明
BookId	int	书籍 ID；主键；该字段为标识，增量为 1
AuthorName	nvarchar(50)	作者姓名，不能为空
Title	nvarchar(160)	书名，不能为空
Price	numeric(10, 2)	书籍价格，不能为空
BookCoverUrl	nvarchar(1024)	书籍封面 Url，可以为空

Orders 数据表相关字段和说明如表 3-2 所示。

表 3-2 Orders 字段设计及说明

字段名	数据类型	字段说明
OrderId	int	订单 ID；主键；该字段为标识，增量为 1
Address	nvarchar(1024)	送货地址，不能为空
BookId	int	书籍 ID，外键，对应 Books 表 BookId
Num	int	购书数量，不能为空

3.1 数据模型概述

在 ASP.NET MVC 中，Model（数据模型）负责所有与数据有关的操作，不论是 Controller（控制器）还是 View（视图），都会在运行时调用数据模型，或是使用数据模型中定义的一些数据操作方法，如数据的增删改查。

数据模型部分的代码，一般只能与数据和业务逻辑有关，不负责处理所有与数据无关的操作或是控制视图的显示，而是应该只专注于如何有效地提供数据访问机制、业务逻辑和数据格式验证等。

采用 ASP.NET MVC 框架时，虽然在 Model 层的开发技术繁多，但若要充分发挥 ASP.NET MVC 快速开发的优势，还是建议在 Model 层采用 ORM（Object Relational Mapping，对象关系映射）技术（如 LINQ to SQL、Entity Framework 等）来开发，用于实现面向对象程序语言中，不同类别系统之间的数据转换。

3.1.1 基于 LINQ to SQL 的数据模型

LINQ（Language Integrated Query，语言集成查询）是.NET 3.5 Framework 的新增功能，它被设计为一种在架构中针对任何一种集合类型执行查询的方法，这些集合类型包括数组、字典、列表、XML 和数据库等。

LINQ to SQL 是微软开发的一门非常容易上手的 ORM（对象关系映射）技术，在任何基于.NET 平台的项目中都可以使用 LINQ to SQL 定义数据模型。

下面简单说明一下如何在 Visual Studio 2012 中利用 LINQ to SQL 设计工具创建数据模型。

首先，创建一个 ASP.NET MVC 项目，并且建立好数据库，这里按照表 3-1 和表 3-2 建立数据库。然后按照如下步骤建立基于 LINQ to SQL 的数据模型。

（1）在“解决方案资源管理器”窗口中选择“Models”目录并右击，在弹出的快捷菜单中选择“添加”→“新建项”命令，如图 3-1 所示。

（2）在“添加新项”对话框的“已安装的模板”列表中选择“数据”类别，然后在项目模板列表中选择“LINQ to SQL 类”并保留默认名称，如图 3-2 所示，单击“确定”按钮。

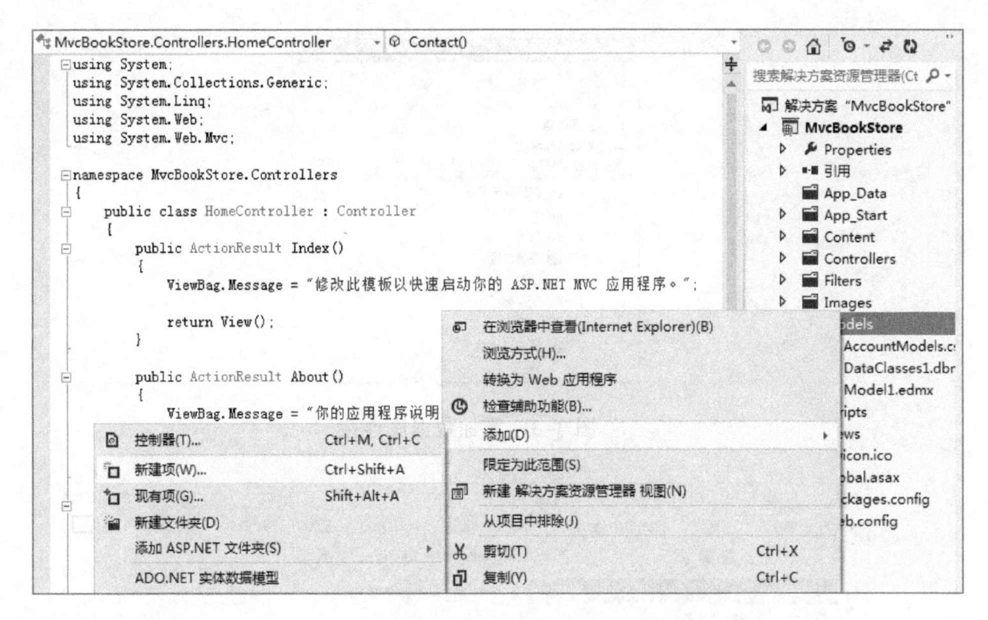

图 3-1　选择“Models”目录并新建项

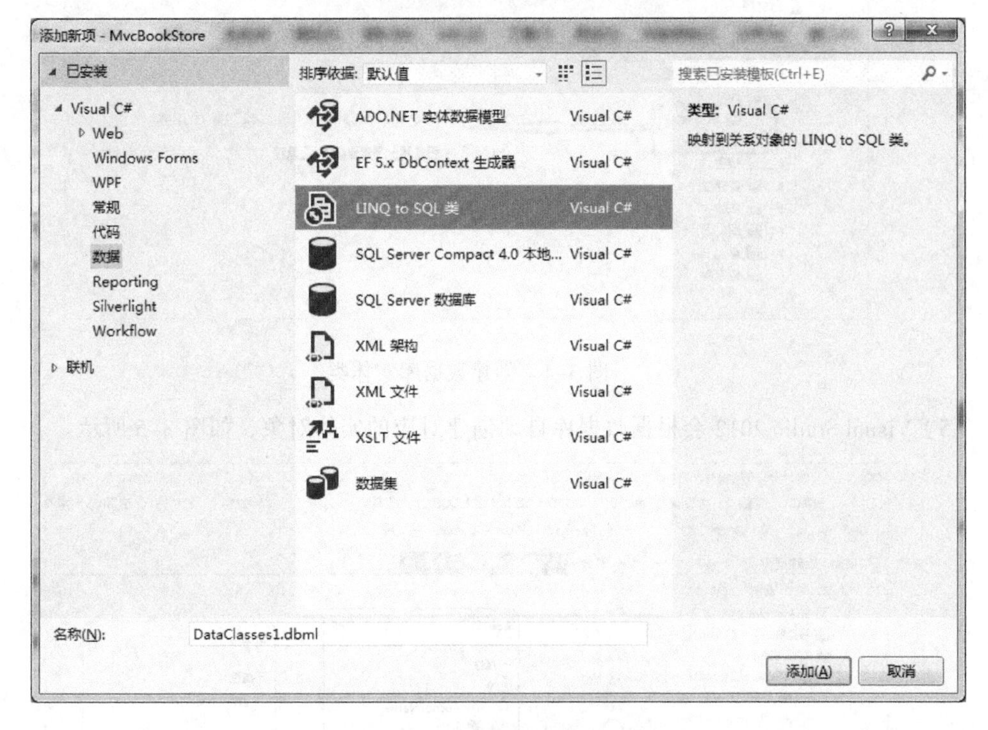

图 3-2　创建数据库映射文件

（3）在图 3-3 所示的“服务器资源管理器”窗口中新建数据连接，并连接到目标数据库。

（4）在“服务器资源管理器”窗口中打开数据库，并将项目所需的全部数据表拖放到扩展名为“dbml”的设计视图中，如图 3-4 所示。

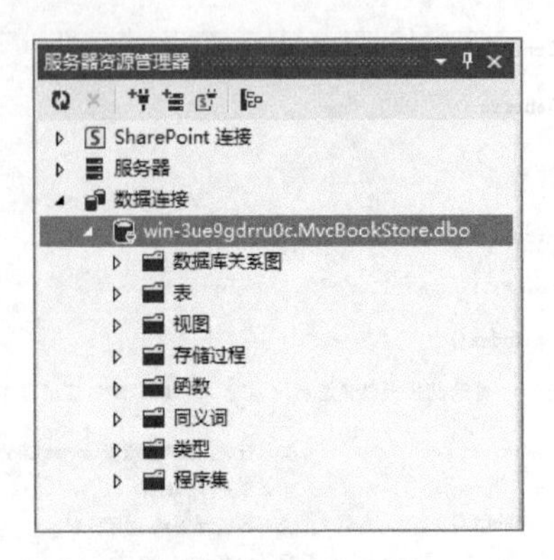

图 3-3　添加数据库连接

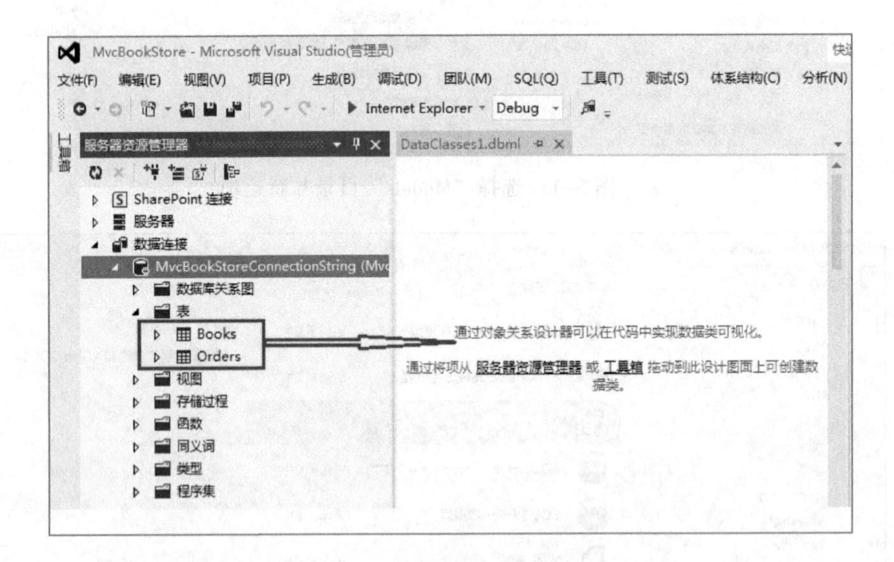

图 3-4　创建数据库实体类

（5）Visual Studio 2012 会根据数据库自动创建对应的实体对象，如图 3-5 所示。

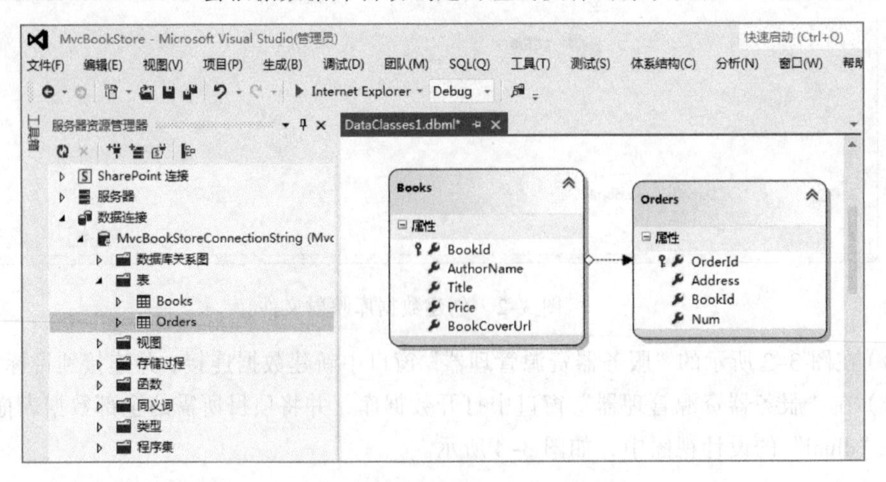

图 3-5　创建好的数据库实体对象

至此，基于 LINQ to SQL 的数据模型已经创建完成。在创建完成后自动生成的类文件中，包含了许多由 Visual Studio 2012 自动生成的类，这些类就是与数据库表格对应的类。

创建好基于 LINQ to SQL 的数据模型后即可在项目中通过 LINQ 语法快速访问数据库。例如，通过如下代码即可查询数据库中是否存在名为“ASP.NET MVC 程序设计”的书籍。

```
    using (Models.DataClasses1DataContext db = new Models.DataClasses1Data
Context()){
        var book = from b in db.Books
        where b.Title == "ASP.NET MVC 程序开发"
        select b;
    }
```

从上述代码不难看出，基于 LINQ to SQL 的数据模型可以由 Visual Studio 2012 快速创建并让开发人员可以在项目中用一种类似于 SQL 语法的方式查询数据库，极大地提高了开发效率。由于 LINQ to SQL 并不是本书的重点内容，所以这里仅做简单介绍，如果需要深入研究 LINQ to SQL 可以参考微软官方站点或其他参考资料。

3.1.2　基于 Entity Framework 的数据模型

Entity Framework 框架是微软的 ADO.NET 团队开发的另一个新颖的对象/关系映射（ORM）框架产品。该框架使得开发人员可以像使用普通对象一样来操作关系数据，而不用写很多数据库访问代码。使用 Entity Framework 框架创建数据模型可以降低数据模型部分所需的代码量并减少维护工作量。

与 LINQ to SQL 相比，Entity Framework 的关键不同之处是可以灵活地访问数据源，并且可以将数据结构映射到自定义的实体类。LINQ to SQL 是一种支持拖放的解决方案，Entity Framework 则能够将自行创建的实体关系映射到数据库对象。

Entity Framework 框架架构图如图 3-6 所示。

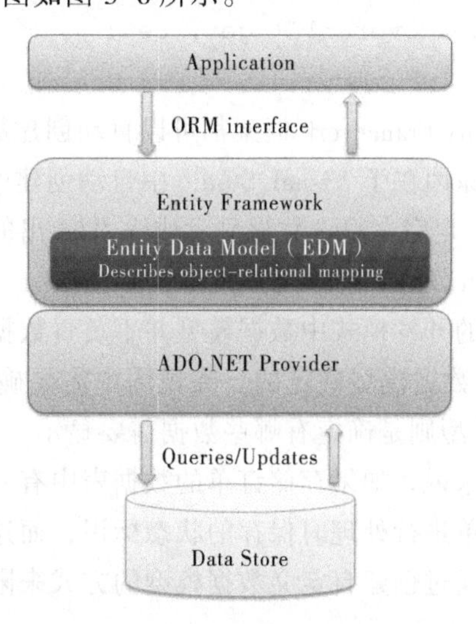

图 3-6　Entity Framework 架构图

从图 3-6 中不难看出，Entity Framework 框架在底层是通过调用 ADO.NET 来实现数据库操作的，所以使用 Entity Framework 框架与直接使用 ADO.NET 访问数据库并不冲突。

使用基于 Entity Framework 的数据模型有如下好处：

- Entity Framework 框架提供了核心的数据访问功能，因此开发人员可以专注于应用逻辑，提高开发效率。
- 开发人员可以面向数据模型对象编程，包括类型继承和创建复杂类型等，在最新版的 Entity Framework 框架中还支持 POCO（Plain Old CLR Objects，这种对象就像文本文件一样，是一种最简单、最原始、不带任何格式的对象）数据对象。
- 通过支持独立于物理/存储模型的概念模型，通过 Entity Framework 框架的使用可以让应用程序不再依赖于特定数据引擎或者存储模式。
- 使用 Entity Framework 框架，可以在不改变应用程序代码的情况下改变数据模型和数据库间的映射。
- 基于 Entity Framework 框架的数据模型也支持 LINQ 语法进行数据操作。

关于基于 Entity Framework 框架的数据模型的创建和使用，将在本章后面做详细介绍。

3.1.3 自定义数据模型

除了使用各类开发框架创建数据模型之外，也可以选择自定义数据模型。创建自定义数据模型就像创建一个 C#类一样，比如根据前面提到的 Books 数据表创建自定义数据模型，代码如下：

```
public class BookModel{
   public int BookId { get; set; }
   public string AuthorName { get; set; }
   public string Title { get; set; }
   public decimal price { get; set; }
   public string BookCoverUrl { get; set; }
}
```

既然 LINQ to SQL 和 Entity Framework 框架都可以自动创建数据模型，那自定义创建数据模型还有什么必要呢？主要原因在于 Visual Studio 中自动创建的基于 LINQ to SQL 或 Entity Framework 的数据模型并不一定完全符合数据显示或输入/输出的要求，这时就需要通过创建自定义数据模型来辅助项目开发。

虽然在 ASP.NET MVC 的开发模式中数据模型并不负责数据的显示工作，但有哪些数据需要被显示在视图中却是由数据模型确定的。在视图中需要确定的是数据的显示方式，如 HTML 或 Flash 等，而数据模型则是确定有哪些数据需要显示。

假设以本例的在线书店来说，如果存储订单的数据表中有一个“订单状态”字段，该字段中的内容是在线书店对订单进行处理时保存的状态标识，而这个内容是不希望被用户看到的。在这种情况下，就可以通过创建自定义数据模型的方式来限制输出的字段中一定不会包含“订单状态”字段的数据。

以 Order 实体模型为例，该数据模型是基于 Entity Framework 并由 Visual Studio 根据数据库表自动创建的，如图 3-7 所示，只要将此数据模型直接引用到视图中，就可以把每个属性的数据通过视图在页面上输出。如果希望“Status”这个表示订单状态的属性不要在视图中出现，就必须通过自定义数据模型的方式来限制哪些字段可以被显示而哪些不能。

如上所述，这类专门给视图使用的自定义数据模型称为视图数据模型（ViewModel）。视图数据模型还常常被用在绑定用户输入的表单数据上，这一部分内容在后续章节将做详细介绍。

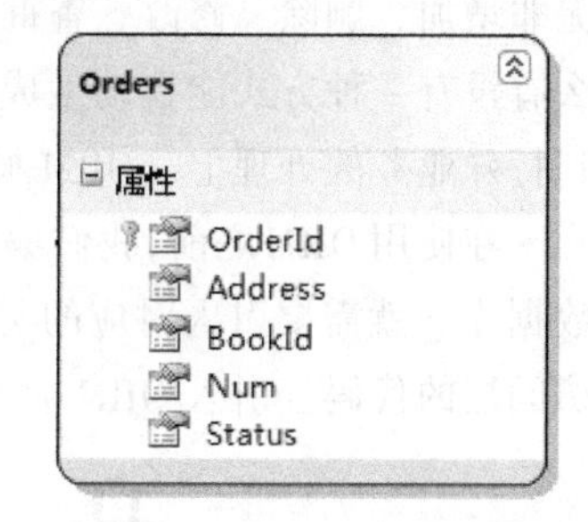

图 3-7　Orders 数据模型

3.1.4　数据库开发模式

Entity Framework 支持 Database First（数据库优先）、Model First（模型优先）和 Code First（程序代码优先）三种开发模式，各模式的开发流程大相径庭，开发体验完全不一样。三种开发模式各有优缺点，对于程序员没有哪种模式最好，只有哪种模式更适合。

1. Database First

Database First（数据库优先）开发模式是指以数据库设计为基础，并根据数据库自动生成实体数据模型，从而驱动整个开发流程。该模式的好处在于使用简单，容易入手。

2. Model First

Model First（模型优先）开发模式是指从建立实体数据模型入手，并依据模型生成数据库，从而驱动整个开发流程。该模式也就是业界流行的面向领域的编程模式，它的优点在于，程序员可以使用与设计建模相同的思维来编写代码，更符合面向对象的思想。Model First 与 Database First 是互逆的，但最终都是输出数据库和实体数据模型。

3. Code First

Code First（程序代码优先）是基于 Entity Framework 的一种新的开发模式，程序开发人员完全通过手动编码，就可以使用技术来实现数据访问。即程序开发人员依据需求，撰写数据上下文类（程序代码），而这些类与属性通过 ORM 框架的管理，转换成实体模型（Entity Mode），程序开始运行后，通过 ORM 框架，依据这些类创建数据库、表格、字段及其他数据结构。该模式的优点在于，支持 POCO（Plain Old CLR Objects，简单传统 CLR 对象），代码整洁，程序开发人员对代码的控制也更加灵活自如。

3.2　ASP.NET MVC 项目数据模型的选择与使用

在 ASP.NET MVC 项目中，数据模型基本上都是以 ORM（Object-Relation Mapping，对象-关系映射）方式建立的。ORM 是将关系数据库中的业务数据用对象的形式表现出来，并通过面向对象的方式将这些对象组织起来，实现系统业务逻辑的过程。

在 ORM 被提出之前人们一般通过 ADO.NET 访问数据库。或者更进一步，学过三层架构的开发人员，知道可以将通过 ADO.NET 对数据库的操作提取到一个单独的类 SqlHelper 中，然后在 DAL（Data Access Layer）层调用 SqlHelper 类的方法实现对数据库的操作。不过，即使这样做了，在数据访问层（DAL），还是要编写大量的代码，而用户一般对数据库的访问无非增加、删除、修改、查询四种操作，故在数据库操作上肯定存在大量的重复性工作，那么有没有一种方式能自动生成这些语句呢？这样的话，用户就可以把精力或者更多时间投入到特殊业务的处理上。ORM 概念就是为了解决上述问题而提出的。

在使用ORM之前,我们编写的程序和数据库之间的耦合很紧密,如果操作的是SQL Server数据库，就需要引入对应的类库（SqlConnection），对应不同的数据库需要完全不同的数据访问层的代码。引入 ORM 后 ORM 在项目中的作用如图 3-8 和图 3-9 所示。

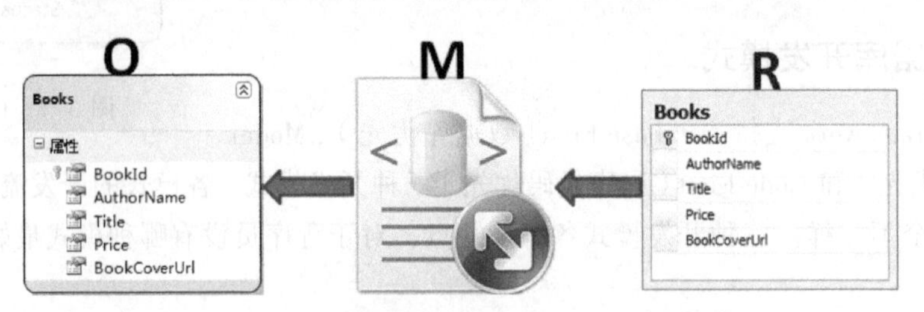

图 3-8　ORM 图示 1

通过图 3-8 可以看出，O（Object）对应程序中的类 Books，就是对象；R（Relation）对应数据库当中的数据表；M（Mapping）表示程序中对象和数据库中关系表的映射关系，M 通常使用 XML 文件来描述。

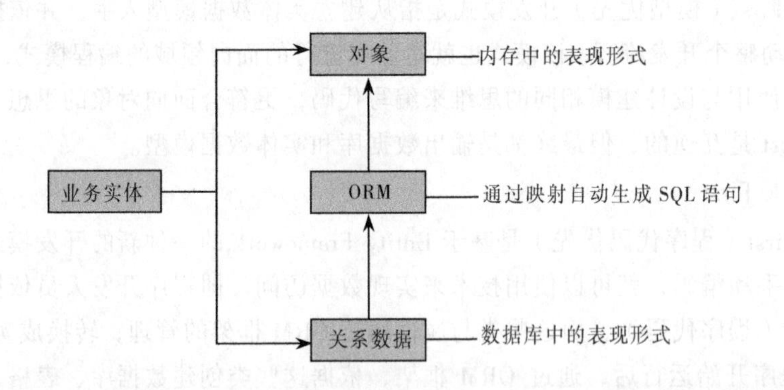

图 3-9　ORM 图示 2

通过图 3-9 可以看出业务实体，在数据库中表现为关系数据，而在内存中表现为对象。应用程序处理对象很容易，但是很难处理关系数据。ORM 主要实现了关系数据和对象数据之间的映射，通过映射关系自动产生 SQL 语句，在业务逻辑层和数据层之间充当桥梁。

ORM 不是产品，是能实现面向对象的程序设计语言到关系数据库映射框架的总称。这类框架可以使程序员既能利用面向对象语言的简单易用性，又能利用关系数据库的技术优势来实现应用程序的增删改查操作。

目前，在.NET 平台下常见的 ORM 框架有 LINQ to SQL、Entity Framework、NHibernate 和 iBatis.NET。其中 Entity Framework 是微软最新推出的 ORM 框架，也是目前.NET 平台下的主流 ORM 框架，本节后面将重点介绍基于 Entity Framework 的数据模型的创建与使用。

3.2.1　创建基于 Entity Framework 的数据模型

在 Visual Studio 2012 中创建基于 Entity Framework 的数据模型非常方便。首先，创建一个 ASP.NET MVC 项目，并且建立好数据库（这里同样按照表 3-1 和表 3-2 建立数据库）。然后可以按照如下步骤建立基于 Entity Framework 的数据模型。

（1）在“解决方案资源管理器”窗口中选择“Models”目录并右击，在弹出的快捷菜单中选择“添加”→“新建项”命令，如图 3-10 所示。

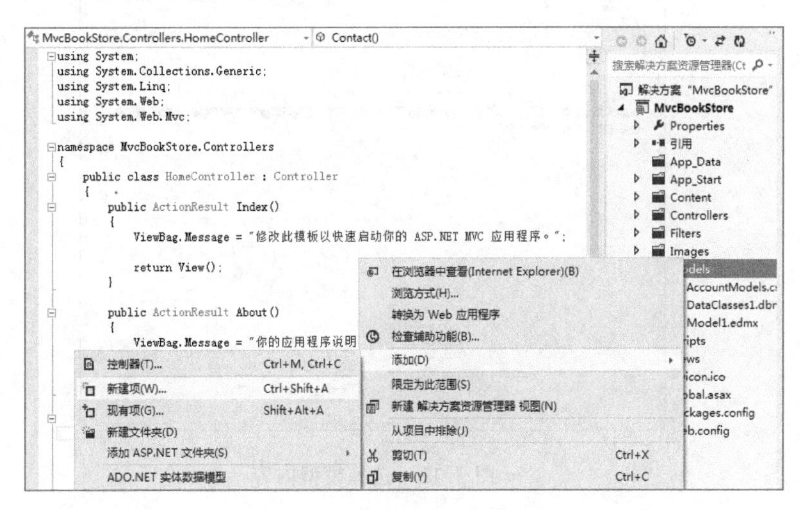

图 3-10　选择“Models”目录并新建项

（2）在“添加新项”对话框的“已安装的模板”列表中选择“数据”类别，然后在项目模板列表中选择“ADO.NET 实体数据模型 ”并保留默认名称，如图 3-11 所示，单击“确定”按钮。

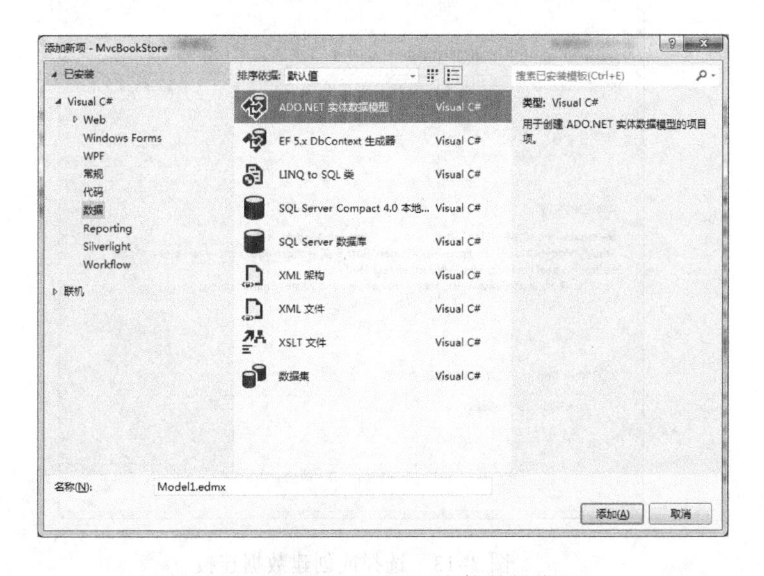

图 3-11　选择“ADO.NET 实体数据模型”

（3）在“实体数据模型向导”窗口中选择“从数据库产生”选项并单击“下一步”按钮，如图 3-12 所示。

图 3-12　选择模型内容

（4）如图 3-13 所示，新建一个指向目标数据库的连接，在最下方的文本框中输入要保存在 Web.config 文件中的 Entity Framework 连接字符串的名称并单击“下一步”按钮。

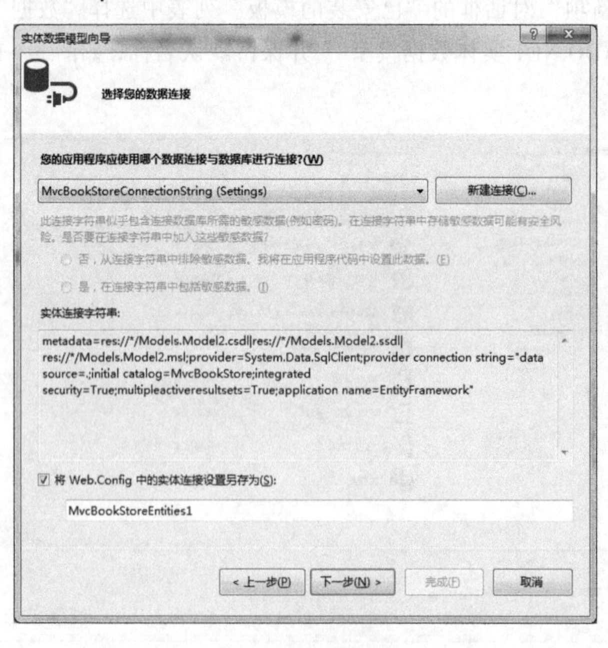

图 3-13　选择或创建数据连接

（5）如图 3-14 所示，设置数据库中要包含哪些数据表、视图或存储过程，以及是否要将其加入 Entity Framework 实体数据模型中，最后单击“完成”按钮。

图 3-14　选择要加入模型中的数据库对象

完成上述操作后，Visual Studio 2012 就会自动创建好 Entity Framework 基础数据模型，这个数据模型可以被应用到整个项目中，如图 3-15 所示。

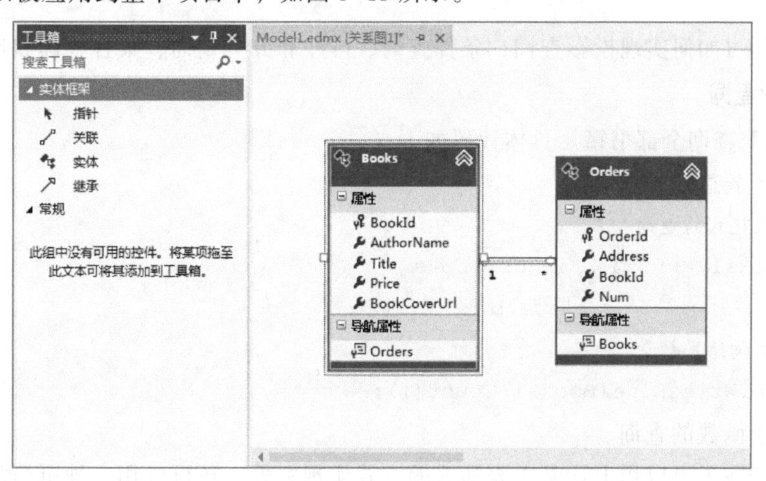

图 3-15　创建好的 Entity Framework 数据模型

3.2.2　基于 Entity Framework 数据模型的数据查询

为了方便学习 Entity Framework 数据模型的使用，下面先创建一个控制台应用程序项目，然后按照前面介绍过的步骤在项目中创建好基于 Entity Framework 的数据模型。

Entity Framework 数据模型的查询通常可以使用 LINQ 语法实现，LINQ 语法（即 LINQ to Entities）使开发人员能够通过使用 LINQ 表达式和 LINQ 标准查询运算符，直接从开发环境中针对实体框架对象上下文创建灵活的强类型查询。具体查询步骤如下：

首先，在使用 Entity Framework 数据模型前，一定要创建 Entity Framework 数据模型上下文对象的实例，如果是按照默认步骤创建 Entity Framework 数据模型的话，其上下文对象的名称会以 Entities 结尾，创建其实例的具体代码如下：

```
using System;
using System.Collections.Generic;
using System.Linq;
using System.Text;
namespace ConsoleApplication1
{
    class Program
    {
        static void Main(string[] args){
            //实例化查询上下文
            using (BookStoreEntities db = new BookStoreEntities()){
                //此处放置查询代码
            }
        }
    }
}
```

接下来学习如何实现投影查询、条件查询、排序和分页查询、聚合查询和连接查询。

1. **投影查询**

【例 3-1】查询全部书籍。具体代码如下：

（1）基于表达式的查询

```
//基于表达式的查询
var Books1 = from b in db.Books
             select b;
//输出查询结果数量
Console.WriteLine(Books1.Count());
```

（2）基于函数的查询

投影查询除了可以用上述基于表达式的方式实现之外，还可以用一种更简洁的函数方式实现，代码如下：

```
//基于函数的查询
var Books2 = db.Books;
//输出查询结果数量
Console.WriteLine(Books2.Count());
```

从上述代码不难看出，LINQ 语法可以让用户在.NET 项目中使用一种类似于 SQL 的语法实现数据查询。

2. 条件查询

【例 3-2】查询书名为“ASP.NET MVC 程序开发”书籍的编号。具体代码如下：

（1）基于表达式的查询

```
//基于表达式的查询
var Books1 = from b in db.Books
                   where b.Title == "ASP.NET MVC 程序开发"
                   select b;
//输出查询结果的编号
foreach(var book in Books1)
Console.WriteLine(book.BookId);
```

（2）基于函数的查询

```
//以函数方式实现
var Books2 = db.Books.Where(b => b.Title == "ASP.NET MVC 程序开发");
//输出查询结果的编号
foreach(var book in Books2)
Console.WriteLine(book.BookId);
```

在上述查询中，在函数方式实现的代码中用到了 Lambda 表达式描述查询条件。

3. 排序和分页查询

【例 3-3】查询全部订单，并按数量排序并分页。具体代码如下：

（1）基于表达式的查询

```
//按数量排序并分页输出订单编号
var Order1 = (from o in db.Orders
                  orderby o.Num
                  select o).Skip(0).Take(10);
//输出查询结果的编号
foreach (var order in Order1)
Console.WriteLine(order.OrderId);
```

（2）基于函数的查询

```
//以函数方式实现查询
var Order2 = db.Orders.OrderBy(o => o.Num).Skip(0).Take(10);
//输出查询结果的编号
foreach(var order in Order2)
Console.WriteLine(order.OrderId);
```

在上述代码中分页主要依靠 Skip()和 Take()两个方法来实现，Skip()方法设置忽略查询结果前多少项，Take()方法设置获取多少个连续的查询结果。值得注意的是，只有对查询结果进行排序之后才能分页。

4. 聚合查询

【例 3-4】查询书籍总数和最高书籍价格。具体代码如下：

```
//书籍总数
var num = db.Books.Count();
Console.WriteLine(num);
//最大书籍价格
var price = db.Books.Max(b => b.Price);
Console.WriteLine(price);
```

聚合查询只能通过函数式代码实现。

5. **连接查询**

【例 3-5】查询所有订购了《ASP.NET MVC 程序开发》的订单编号。具体代码如下：

```
//所有订购了《ASP.NET MVC 程序开发》的订单编号
var Order3 = from o in db.Orders
                    join b in db.Books
                    on o.BookId equals b.BookId
                    where b.Title =="ASP.NET MVC 程序开发"
                    select o;
foreach(var order in Order3)
Console.WriteLine(order.OrderId);
```

在上述代码中，join 关键字用于连接两个数据表，on 和 equals 关键字用于指定两个表是通过哪个字段连接在一起的。

3.2.3 基于 Entity Framework 数据模型的数据更新

在 Entity Framework 中数据的更新是通过调用实体对象的 SaveChanges()方法实现的。调用 SaveChanges()方法后，Entity Framework 框架会检查被上下文环境管理的实体对象的属性是否被修改过，然后，自动创建对应的 SQL 命令发给数据库执行。也就是说在 Entity Framework 数据模型中，数据更新需要通过找到被更新对象、更新对象数据和保存更改这三步来完成。

例如，基于上一节的例子，如果需要修改一本现有书籍的价格和名称，可以按照如下步骤来实现。

（1）在使用 Entity Framework 数据模型做任何操作之前，首先都要确保正确地创建了 Entity Framework 数据模型上下文对象的实例，代码如下：

```
//实例化查询上下文
using (BookStoreEntities db = new BookStoreEntities()){
    //此处放置数据更新部分代码
}
```

（2）找到需要修改价格和名称的数据实体对象，代码如下：

```
var book = db.Books.FirstOrDefault(b => b.Title == "C#程序设计 ");
```

上述代码使用了 FirstOrDefault()方法，该方法在没有查到符合条件的结果时返回空值，在查到符合条件的结果时返回第一条结果对应的实体对象。

（3）更新实体对象并将修改保存到数据库，具体代码如下：

```
//如果查询到了实体对象
if(book != null) {
    //更新属性值
    book.Title = " JavaScript语言与Ajax应用";
    book.Price = 30;
    //保存更改
    db.SaveChanges();
}
```

只有在调用 SaveChanges()方法后，更新后的数据才能被写入数据库。

3.2.4 基于 Entity Framework 数据模型的数据添加与删除

利用 Entity Framework 数据模型实现数据的添加和删除非常方便。数据添加通过两个步骤完成，首先，创建新的数据实体（一个数据实体即表示数据库表中的一行），然后，调用 AddToXXX 方法将数据实体添加到具体的数据库表对象并调用 SaveChanges()方法保存到数据库即可。数据删除也是通过两个步骤完成，首先，找到需要删除的数据实体，然后，调用 DeleteObject()方法删除数据实体并调用 SaveChanges()方法保存到数据库即可。比如创建一个新的数据条目，再删除这个数据条目的具体实现代码如下：

```
using (BookStoreEntities db = new BookStoreEntities()){
    //创建新的数据实体
    var newBook = new Books() { AuthorName = "张松慧",
                                Title = "ASP.NET MVC 程序开发",
                                Price = 29 };
    //添加到数据库
    db.Books.Add(newBook);
    //保存到数据库
    db.SaveChanges();

    //找到需要删除的实体
    var delBook = db.Books.FirstOrDefault(b => b.AuthorName == "张松慧");
    if(delBook != null){
       //删除实体
       db. Books .Remove(delBook);
       //保存到数据库
       db.SaveChanges();
    }
}
```

隐式约定是 ASP.NET5 设计时默认规定好的，用户无须额外设置，控制器就按照这种约定返回对应的视图。这种约定能否被修改呢？答案是肯定的，这一约定可以重写，如果控制器不希望返回默认同名视图，就可以按照语法，重新提供另外一个视图。其实现方法是把另外的视图名以字符串格式，作为参数传入 return View()中。

本章小结

本章主要介绍了 ASP.NET MVC 项目开发中 Model（数据模型）这一部分的创建和使用。首先介绍了数据模型在 ASP.NET MVC 项目中的作用，然后分别介绍了基于 LINQ to SQL 数据模型的创建和基于 Entity Framework 数据模型的创建，最后重点讲解了 Entity Framework 数据模型的使用。

习　题

一、操作题

1. 建立数据库

本项目数据库表设计如下，根据数据库表建立数据库，如表 3-1～表 3-5 所示。

表 3-1　Books 表字段设计及说明

字段名	数据类型	字段说明
BookId	int	书籍 ID；主键；该字段为标识，增量为 1
CategoryId	int	类别 ID，不能为空，外键对应表 Categories
Title	nvarchar(200)	书名，不能为空
Price	decimal(18, 2)	价格，不能为空
BookCoverUrl	nvarchar(1024)	封面图片 URL，可以为空
Authors	nvarchar(50)	作者名，不能为空

表 3-2　Carts 表字段设计及说明

字段名	数据类型	字段说明
RecordId	int	购物车条目 ID；主键；该字段为标识，增量为 1
CartId	nvarchar(MAX)	购物车 ID，不能为空
BookId	int	书籍 ID，不能为空，外键对应表 Books
Count	int	数量，不能为空
DateCreated	datetime	创建日期，不能为空

表 3-3　Categories 表字段设计及说明

字段名	数据类型	字段说明
CategoryId	int	类别 ID；主键；该字段为标识，增量为 1
Name	nvarchar(50)	类别名称，不能为空
Description	nvarchar(MAX)	类别描述，可以为空

表 3-4　OrderDetails 表字段设计及说明

字段名	数据类型	字段说明
OrderDetailId	int	订单条目 ID；主键；该字段为标识，增量为 1
OrderId	int	订单 ID，不能为空，外键对应表 Orders

续表

字段名	数据类型	字段说明
BookId	Int	书籍 ID，不能为空，外键对应表 Books
Quantity	int	数量，不能为空
UnitPrice	decimal(18, 2)	条目价格，不能为空

表 3-5 Orders 表字段设计及说明

字段名	数据类型	字段说明
OrderId	int	订单 ID；主键；该字段为标识，增量为 1
OrderDate	datetime	订单日期，不能为空
Username	nvarchar(MAX)	用户全名，不能为空
FirstName	nvarchar(160)	用户名，不能为空
LastName	nvarchar(160)	用户姓，不能为空
Address	nvarchar(70)	地址，不能为空
City	nvarchar(40)	城市，不能为空
State	nvarchar(40)	省份，不能为空
PostalCode	nvarchar(10)	邮编，不能为空
Country	nvarchar(40)	国家，不能为空
Phone	nvarchar(24)	联系电话，不能为空
Email	nvarchar(MAX)	邮件地址，不能为空
Total	decimal(18, 2)	总价，不能为空

这里将数据库命名为“MvcBookStore”，数据库创建好后，查看数据库关系图，如图 3-16 所示。

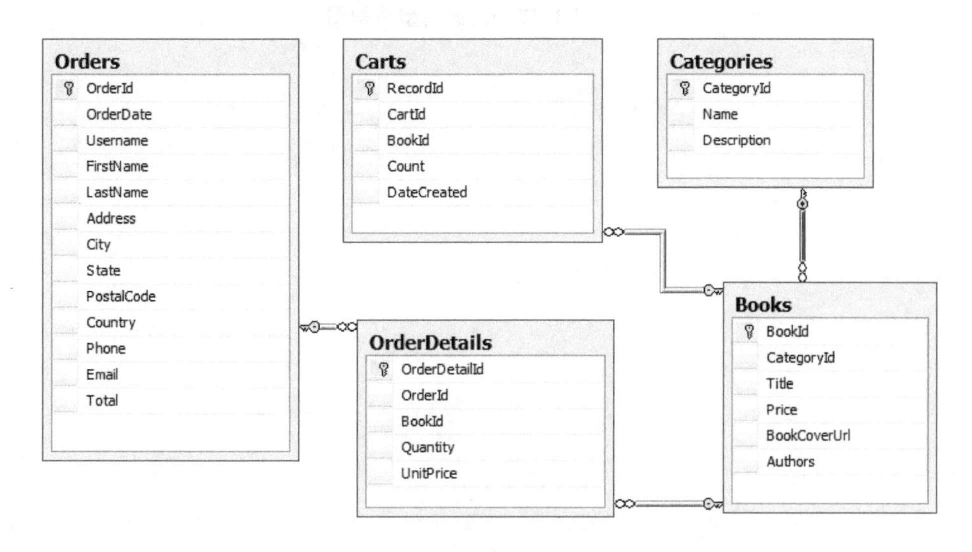

图 3-16 数据库关系图

2. 创建数据模型

利用本章讲到的方法，从“MvcBookStore”数据库生成基于 Entity Framework 的数据模型，并将数据模型上下文实体的名称定义为“MvcBookStoreEntities”。数据模型创建好后，双击打开“MvcBookStoreModel.edmx”，可以看到数据模型结构图，如图 3-17 所示。

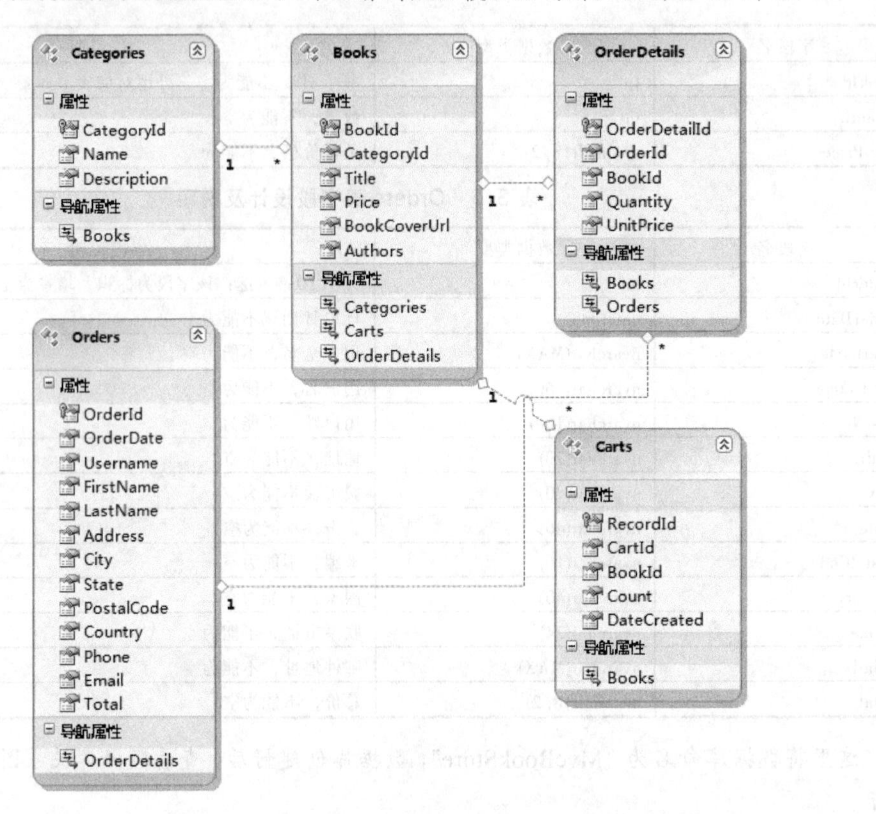

图 3-17 数据模型结构图

第4章 控制器

学习目标

- 理解控制器的概念
- 掌握控制器的创建
- 掌握动作名称选择器
- 掌握动作方法选择器
- 掌握过滤器属性
- 熟悉动作执行结果

重点难点

- Controller 的创建
- 动作名称选择器
- 动作方法选择器
- 过滤器属性
- 动作执行结果

Controller（控制器）在 ASP.NET MVC 中负责控制所有客户端与服务器端的交互，并且负责协调 Model 与 View 之间的数据传递，是 ASP.NET MVC 整体运作的核心角色，非常重要。本章以在线音乐商店项目为例来讲解控制器的创建和使用。

在线音乐商店项目，创建一个名为 EBuyMusic 数据库，该数据库包含 Artist、Album、Genre、Cart、Order 和 OrderDetail 6 个数据表，分别存放音乐流派、歌手、歌曲和订单数据。

4.1 控制器概述

ASP.NET MVC 的核心就是 Controller（控制器），它负责处理客户端（常常是浏览器）发送来的所有请求，并决定将什么内容响应给客户端，通过这种方式，Controller 负责响应用户的输入，并且在响应时修改 Model，把数据输出到相关的 View。MVC 架构中的 Controller 主要关注应用程序流入、输入数据的处理，以及提供向 View 输出的数据。

Controller（控制器）本身是一个派生于 Controller 的类，这个类包含有多个方法，这些方法中声明为 public 的即被当作动作（Action），可以通过这些 Action 接收网页请求并决定应用的视图（View）。

4.1.1 Controller 的创建与结构

按照第 2 章所讲解的方法创建 ASP.NET MVC 架构的在线音乐商店网站 EBuy，添加对 Ebuy Music 数据库的“ADO.NET 实体数据模型”到系统中，设置其名称为：EBuyMusicEntities，然后按图 4-1 所示添加 StoreController。

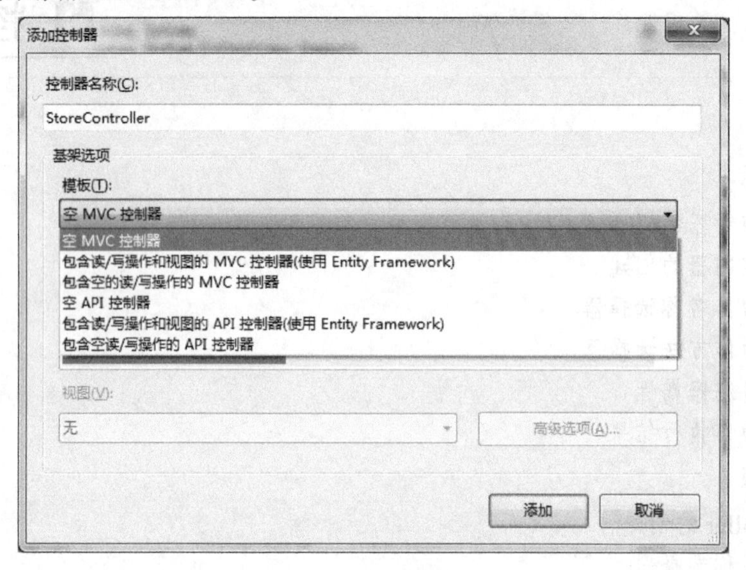

图 4-1　添加控制器

“添加控制器”对话框首先会要求输入控制器的名称（如本例中的 StoreController），然后选择使用哪种模板，依次选择不同的选项就可以控制 ASP.NET MVC 生成新的控制器类。

“添加控制器”对话框提供了几种不同的控制器模板，可以帮助开发人员提高开发速度。

1. 空 MVC 控制器

默认的模板（空 MVC 控制器）最简单，没有提供任何定制化的选项，不包含任何选项，仅仅是创建一个带有名字和一个 Index 操作的控制器。

以下代码即为使用“空 MVC 控制器”模板创建的名为 EmptyTemplateController 的控制器类，其中只包含一个 Index 操作，同时并没有新的 View 被创建。

```
using System.Web.Mvc;
namespace EBuy.Controllers
{
    public class EmptyTemplateController : Controller
    {
      public ActionResult Index()
      {
         return View();
      }
    }
}
```

2. 包含读/写操作控制器和视图的 MVC 控制器（使用 Entity Framework）

“包含读/写操作控制器和视图的 MVC 控制器（使用 Entity Framework）”模板名副其实，此模板可以帮助开发人员生成访问 EF 对象的代码，并为这些对象生成了 Create、Edit、Details 和 Delete 视图。

在选择使用本模板后，“模型类”下拉列表框中将列出项目当前所识别的 Model 类，如果添加的 Model 类此时未列出，则先编译项目后再使用本功能则可更新模型类列表。本例选择 Genre（流派）模型类创建 StoreController，如图 4-2 所示。

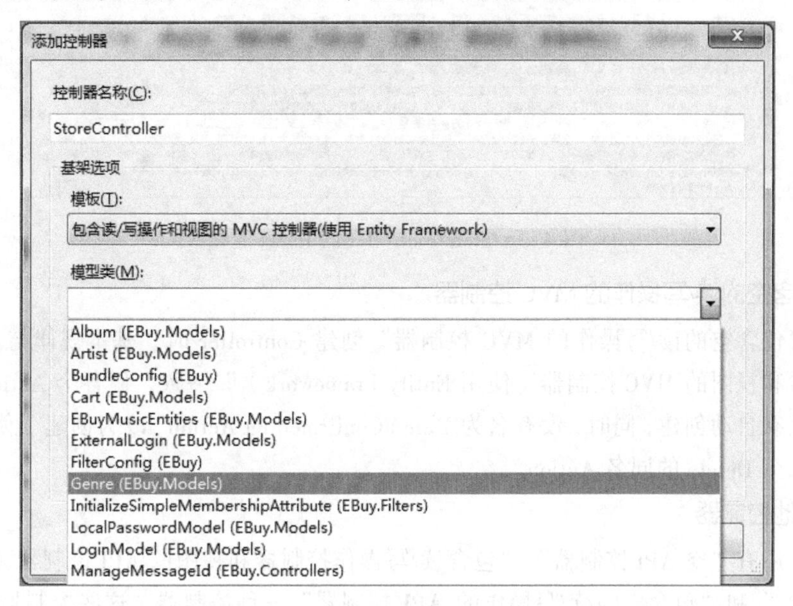

图 4-2　使用包含读/写操作控制器和视图的 MVC 控制器

再选择“数据上下文类”为 EF 类名 EBuyMusicEntities，视图选择“Razor（CSHTML）”，单击“添加”按钮，则生成 StoreController 类，其代码中包括 Action 有 Index、Details、Delete、DeleteConfirmed、Dispose 各一个，名为 Create 和 Edit 的 Action 分别有两个，其中各有一个活动使用属性“HttpPost”修饰，而另一 Action 没有属性修饰。需要注意的是，Create 和 Edit 需要两个请求来完成对应操作，第一个是没有使用 HttpPost 属性修饰的 Create 和 Edit，两 Action 用于生成用户视图，第二个是实际执行相应操作的 Action（创建、编辑），如 Create 根据请求的数据创建新的对象，而 Edit 根据请求的数据完成实际编辑操作；对应的 Delete 则首先开始进行删除操作，而 DeleteConfirmed 活动则完成实际的删除操作。这种情况在 Web 程序中非常普遍，本书也将普遍使用。

本控制器的所有 Action 都已生成对应的操作代码，展开 Views 文件夹，可以看到已创建的名为“Sotre”（与控制器同名）的文件夹，其中包括对应于 Create、Edit、Index、Details 和 Delete 等 5 个同名的 View，这些代码基本可以直接使用，非常方便。

运行项目，在地址栏中输入对应 StoreController 的地址 http://localhost:1511/Store，按【Enter】键显示图 4-3 所示内容，其中已提供对应的 Create、Edit、Delete、Details 等四个 Action，单击对应的超链接即可进入对应的界面开始对应功能处理。

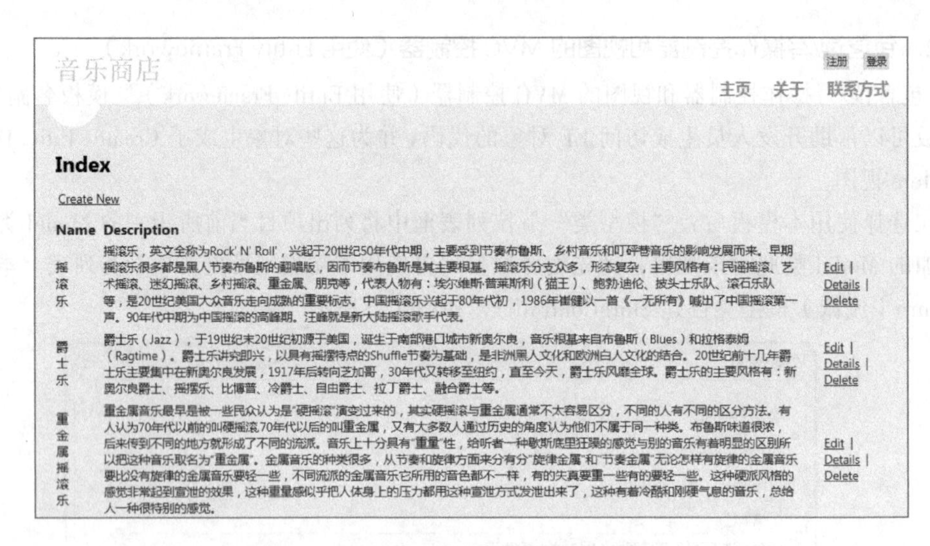

图 4-3　StoreController 的 Index 返回 View

3. **包含空的读/写操作的 MVC 控制器**

使用"包含空的读/写操作的 MVC 控制器"创建 Controller 时，基本规律与"包含读/写操作控制器和视图的 MVC 控制器（使用 Entity Framework）"一致，但各个 Action 中的实际功能代码没有自动创建，同时，没有名为 DeleteConfirmed 的 Action，改为创建了使用 HttpPost 修饰的第二个 Delete 的同名 Action。

4. **其他控制器**

此外，还有"空 API 控制器""包含读/写操作控制器和视图的 API 控制器（使用 Entity Framework）"和"包含空的读/写操作的 API 控制器"三种控制器，这些控制器主要不用于向 View 返回数据，派生自 ApiController，相应内容请参见其他资料。

除了使用模板创建 Controller，还可以直接手工创建需要的 Controller，但一般通过模板创建。

在创建 Controller 时，需要注意应用"惯例优先原则"，对于 Controller 而言，需要注意的惯例包括：

① Controller 必须放在 Controllers 文件夹内。

② Controller 的类名必须以"Controller"字符串为结尾。

4.1.2 Controller 的运行过程

当 Controller 被 MvcHandler 选中之后，下一步就是通过 ActionInvoker 选取适当的 Action 来执行。在 Controller 中，Action 可以声明参数也可以不声明参数；ActionInvoker 根据当前的 RouteValue 及客户端传来的信息准备好可输入到 Action 参数的数据，并正式调用被选中的 Action 对应的方法。

Action 执行完成后，返回值通常是 ActionResult 类，此类是抽象类，具体实际返回对象是 ActionResult 的派生类，ASP.NET MVC 常用的派生类包括 ViewResult 返回一个 View，RedirectResult 控制页面跳转到另一地址，ContentResult 用于返回文本内容，FileResult 用于返回一个文件。Controller 在得到 ActionResult 后，执行 ActionResult 的 ExecuteResult 方法，并将执行结果返回给客户端，以完成 Controller 需要完成的任务。

Controller 在执行时，还有动作过滤器（Action Filter）机制，过滤器主要分为授权过滤器（Authorization Filter）、动作过滤器（Action Filter）、结果过滤器（Result Filter）和异常过滤器（Exception Filter）。

当 ActionInvoker 找不到对应的 Action 可用时，默认会执行 System.Web.Mvc.Controller 类的 HandlerUnkownAction 方法，在此类中，HandlerUnkownAction 方法默认会响应“HTTP 404 无法找到资源”的错误信息。

由于 HandlerUnkownAction 方法在 Controller 类中被声明为 virtual 方法，所以可以在自己创建的各种 Controller 中覆盖为自己需要的实际处理流程。

4.2　动作名称选择器

当 ActionInvoker 选取 Controller 中 Action 时，默认会应用反射机制找到相同名字的方法，这个过程就是动作名称选择器(Action Name Selector)运作的过程，这个选择查找过程对 Action 的名称字符大小写不进行区分，以下代码的 Index 活动，在客户端发来请求的 URL 中，“Index”字符的大小写结果都一样，动作名称选择器将直接调用 Index 方法。

```
using System.Web.Mvc;
namespace EBuy.Controllers
{
  public class EmptyTemplateController : Controller
  {
     public ActionResult Index()
     {
        return View();
     }
  }
}
```

有时，可能需要修改已完成方法的 Action 名称，但并不想修改已完成的方法，则可对 Action 对应方法使用 ActionName 属性进行修饰，在上例代码中，修改代码如下：

```
using System.Web.Mvc;
namespace EBuy.Controllers
{
  public class EmptyTemplateController : Controller
  {
     [ActionName("OtherName")]
     public ActionResult Index()
     {
```

```
            return View();
        }
    }
}
```

修改后原有名为 Index 的 Action 则实际上并不存在，改为实际存在一个名称“OtherName”的 Action，并且在调用此 Action 时，ASP.NET MVC 将查找“Views/EmptyTemplate/OtherName.cshtml”，原来名为 Index 的 View 不再起作用。

需要注意的是，通过此方法修改 Action 名称可能导致多个方法对应同一个 Action 名称，此错误不会在编译时被发现，仅能在运行时请求对应 Action 才引发异常，如下例所示代码将引发“对控制器类型‘EmptyTemplateController’的操作‘OtherName’的当前请求在下列操作方法之间不明确”的异常。

```
using System.Web.Mvc;
namespace EBuy.Controllers
{
  public class EmptyTemplateController : Controller
  {
      [ActionName("OtherName")]
      public ActionResult Index()
      {
          return View();
      }
      [ActionName("OtherName")]
      public ActionResult OtherAction()
      {
          return View();
      }
  }
}
```

4.3 动作方法选择器

ActionInvoker 在选取 Controller 中的公开方法时，ASP.NET MVC 还提供一个名为“动作方法选择器”（Action Method Selector）的特性，动作方法选择器应用在 Controller 中的方法上，以帮助 ActionInvoker 选择适当的 Action。

4.3.1 NonAction 属性

如果将 NonAction 属性应用在 Controller 中的 Action 对应方法上，则此方法将不再作为 Action 而被 ActionInvoker 选择执行，客户端请求此名称的 Action 则将返回一个 404 的错误信息。

以下案例中，原有名为 Index 的 Action 将不再存在。

```
using System.Web.Mvc;
namespace EBuy.Controllers
{
  public class EmptyTemplateController : Controller
  {
     [NonAction]
     public ActionResult Index()
     {
        return View();
     }
  }
}
```

NonAction 属性主要用来保护 Controller 中的特定 public 的方法不会被发布到 Web 上成为 Action，或者是当对应的 Action 功能未开发完成时，暂时既不想公开又不想删除此方法。

将方法的“public”访问修饰符改为“private”，封闭方法也可以达到 NonAction 属性同样的作用。

4.3.2 HttpGet 属性、HttpPost 属性、HttpDelete 属性和 HttpPut 属性

HttpGet、HttpPost、HttpDelete、HttpPut 属性是动作方法选择器的一部分，如果在 Action 上应用 HttpPost 属性，则此 Action 只会在收到 HTTP Post 请求时，才可以选择此 Action；否则，客户端发送来的任何 HTTP 请求，对应 Action 都将会被选择并执行。

这些属性通常会用于需要接收客户端窗口数据的时候，对于同名的 Action，创建一个用于接收 HTTP Get 请求的 Action 用于显示窗口给用户提供填写数据的界面，另一个同名 Action 则应用[HttpPost]属性，用于接收用户发送来的数据，完成对应的功能实现。这种方法常用于 Create、Edit 等功能，如下例所示。

```
using System.Web.Mvc;
namespace EBuy.Controllers
{
    public class EmptyTemplateController : Controller
    {
      public ActionResult Index()
      {
         return View();
      }

      public ActionResult CreateResult()
      {
```

```
        return View();
      }

      public ActionResult Create()
      {
        return View();
      }

      [HttpPost]
      public ActionResult Create(FormCollection fc)
      {
        //处理创建对象的实际业务过程
        return RedirectToAction("CreateResult");
      }
    }
}
```

当浏览器中输入“EmptyTemplate/Create”地址时，将显示图 4-4 所示的数据填写页面，在此页面中，有一个 Form 用于填写用户需要输入的数据，Form 中有一提交按钮（图中“创建”按钮）。单击“创建”按钮后，页面中用户数据将提交回同名的“EmptyTemplate/ Create”，而此时，由于 Form 是自动使用 Post 方法回发数据到服务器，ActionInvoker 将自动选择使用了[HttpPost]修饰的 Create 活动，Action 处理完成后，将跳转到 CreateResult 活动，返回名为“CreateResult”的 View，结果如图 4-5 所示。这个方法也同样应用到 4.1.1 节中创建“包含读/写操作控制器和视图的 MVC 控制器（使用 Entity Framework）”的 Controller 模板中，其名为 Create、Edit 的 Action 分别有两个，其中一个应用了[HttpPost]属性。

图 4-4　用户输入数据界面

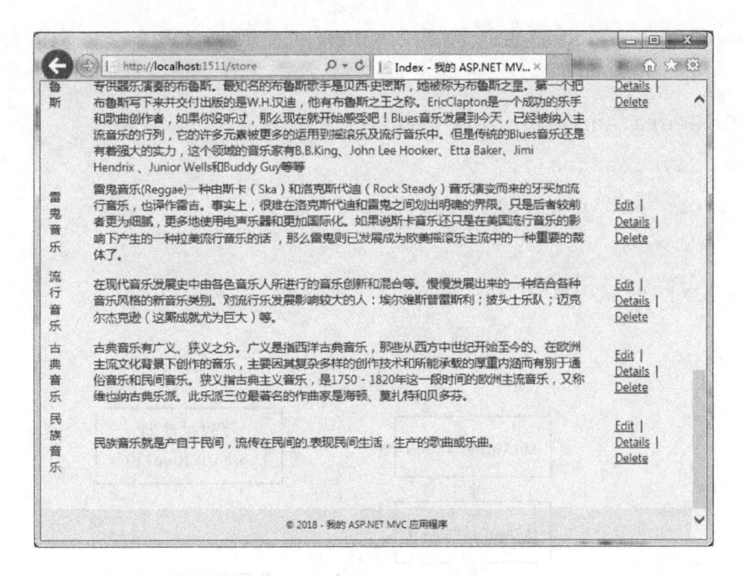

图 4-5　用户数据处理完成界面

4.4　过滤器属性

有些 Action 在执行之前或之后需要处理一些特别的逻辑运算，并处理运行中产生的各种异常，为此，ASP.NET MVC 提供了一套动作过滤器机制。ASP.NET MVC 动作过滤器如表 4-1 所示。

表 4-1　动作过滤器

类　　型	作　　用	实现接口	类　　名
授权过滤器（Authorization Filter）	在执行 Filter 或 Action 之前被执行，用于进行授权	IAuthorizationFilter	AuthorizationAttribute
动作过滤器（Action Filter）	在执行 Action 之前或之后执行，用于执行的 Action 需要生成记录或者缓存数据	IActionFilter	ActionFilterAttribute
结果过滤器（Result Filter）	在执行 ActionResult 的前后被执行，在 View 被返回之前可以执行一些逻辑运算，或修改 ViewResult 的输出结果	IResultFilter	ActionFilterAttribute
异常过滤器（Exception Filter）	在 Action 执行之前或之后，或者 Result 执行之前或之后被执行，在运行中发生异常时，可用来指向其他页面以显示错误信息	IExceptionFilter	IExceptionFilter

各类动作过滤器的执行时机及其先后顺序如图 4-6 所示。

动作过滤器通过使用属性修饰 Action 或 Controller 的方式应用在 Action 上，以下代码使得名为 Create 的 Action 只有角色为 Admin 的已登录用户能使用。

```
[HttpPost]
[Authorize(Roles="Admin")]
public ActionResult Create(Genre genre)
{
```

```
    if(ModelState.IsValid)
    {
        db.Genre.AddObject(genre);
        db.SaveChanges();
        return RedirectToAction("Index");
    }
    return View(genre);
}
```

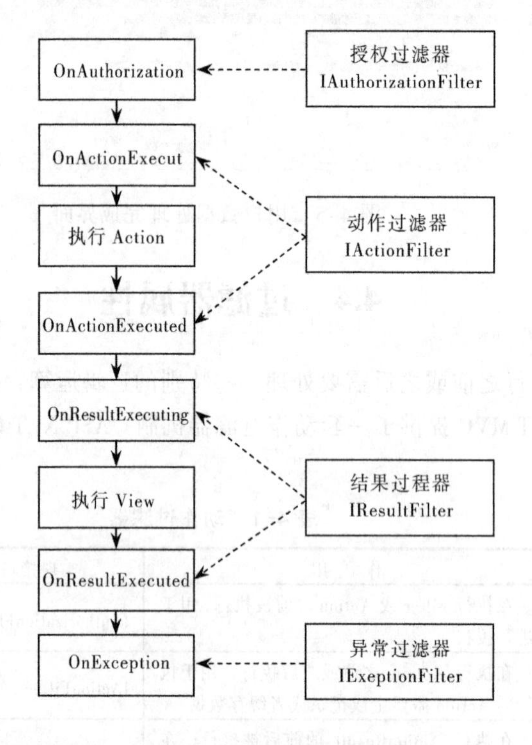

图 4-6 动作过滤器执行时机及顺序

4.4.1 授权过滤器

授权过滤器是 Action 执行之前最早应用的过滤器，用于在正式执行 Action 之前做一些判断用户权限、验证输入是否包含 XSS 攻击字符串、检查 SSL 安全登录等工作，所有授权过滤器都必须实现 IAuthorizationFilter 接口。

1. Authorize 属性

Authorize 属性可与 ASP.NET 框架的 Membership Framework 或 Forms Authentication 机制配合使用。

当 Action 被 Authorize 属性修饰时，与 ASP.NET Web Forms 的用户权限验证一样，程序将自动对当前用户身份进行验证，如果用户（如未登录或登录后没有相应权限的用户）不符合权限要求，则系统将自动跳转到登录页面。

登录页面使用哪个 Action 可以直接在 Web.config 文件中的 system.web 节中通过 authentication 节设定，其中<forms>配置项的 loginUrl 属性的值即为指定的登录 Controller 和 Action，代码如下所示则登录所用 Controller 为 AccountController，所用 Action 为 LogOn。

```
<authentication mode="Forms">
    <forms loginUrl="~/Account/LogOn" timeout="2880" />
</authentication>
```

以下示例要求 Create 活动只有用户 Lily 和 Judy 能访问，其他用户都无权访问。

```
[HttpPost]
[Authorize(Users = "Lily,Judy")]
public ActionResult Create(FormCollection fc)
{
  //处理创建对象的实际业务过程
  return RedirectToAction("CreateResult");
}
```

对于限定只能某些角色中用户才能访问的 Action,实现代码如前一 Admin 角色示例所示。

如果只需要登录用户就能访问的 Action，可以只使用 Authorize 属性而不指定用户名或角色名，代码如下所示。

```
[Authorize]
public ActionResult Index()
{
  return View();
}
```

此外，Authorize 属性还可以直接应用到 Controller 上，那么此 Controller 中的所有 Action 都将应用相同的权限控制规则，但对于需要特殊要求的 Action 可以在此 Action 前使用特定的 Authorize 属性，如下例所示，EmptyTemplateController 中所有的 Action 默认都只有 Admin 角色中的用户才能访问，但由于 Index 活动前使用了 AllowAnonymous 属性修饰，则 Index 活动所有的用户都能访问（包括匿名用户）。

```
[Authorize(Roles = "Admin")]
public class EmptyTemplateController : Controller
{
    [AllowAnonymous]
    public ActionResult Index()
    {
        return View();
    }

    public ActionResult Create()
    {
```

```
        return View();
    }
}
```

2. ChildActionOnly 属性

ASP.NET MVC 中的 View 提供 Html.RenderAction 方法，通过此方法可以在 View 中发出子请求，并再次执行 ASP.NET MVC 的流程，执行完毕后将 HTML 返回到原 View 中。

因此，如果某个 Action 希望只能在 RenderAction 中被执行而不被其他独立的 GET 或 POST 请求所调用，则需要应用 ChildActionOnly 属性。

```
[ChildActionOnly]
public ActionResult  SubActionDemo()
{
  return  Content("<h5>子请求产生的内容</h5>");
}
```

3. RequireHttps 属性

如果为了保证信息的安全性，需要限制 Action 仅能在 Https 安全应用环境中，那么可以在 Action 前应用 RequireHttps 属性，则当请求此 Action 的连接为 HTTP 类型时，将自动跳转到此 Action 的 Https 地址中，如下例所示，在浏览器中输入访问 NeedHttps 的请求地址 http://localhost:1511/EmptyTemplate/needhttps，则地址栏中的实际地址将自动跳转到 https://localhost/EmptyTemplate/needhttps。

```
public class EmptyTemplateController : Controller
{
    [RequireHttps]
    public ActionResult NeedHttps()
    {
        return View();
    }
}
```

需要注意的是，当 POST 请求被用来请求应用了 RequireHttps 属性修饰的 Action 时，系统将引发“System.InvalidOperationException: 只能通过 SSL 访问请求的资源。”异常。

4. ValidationInput 属性

ASP.NET MVC 默认会对输入的数据进行验证，如果包含潜在恶意代码，那么请求会被拒绝，其中可能被拒绝的输入数据包括包含 HTML 标签内容。

如果需要让输入的数据包含 HTML 标签内容，那么需要在 Action 前使用 ValidationInput 属性，代码如下所示。

```
[HttpPost]
[ValidateInput(false)]
public ActionResult Create(FormCollection fc)
{
```

```
    //处理创建对象的实际业务过程
    return RedirectToAction("CreateResult");
}
```

则能让对应提交请求的页面中输入数据标签包含如“<em>重要内容</em>”这样的 HTML 标签内容，否则页面将直接拒绝对应的请求。

5. ValidateAntiForgeryToken 属性

在 Web 应用中有时需要确保提交的请求来自同一网站而不是其他站，以预防跨站请求伪造，则需要在 Action 前使用 ValidateAntiForgeryToken 属性，用法如下所示。

```
[HttpPost]
[ValidateAntiForgeryToken]
public ActionResult Create(Artist artist)
{
  if(ModelState.IsValid)
  {
     db.Artist.AddObject(artist);
     db.SaveChanges();
     return RedirectToAction("Index");
  }
  return View(artist);
}
```

此时运行程序，在用户向此 Action 提交数据时，将引发“所需的防伪表单字段‘_RequestVerificationToken’不存在。”异常，解决方法则是在提交请求的页面对应 Form 中添加配套代码@Html.AntiForgeryToken()，代码如下所示。

```
@model EBuy.Artist
@{
   ViewBag.Title = "Create";
}
<h2>
   Create</h2>
@using(Html.BeginForm())
{
   @Html.ValidationSummary(true)
   <fieldset>
       <legend>Artist</legend>
       <div class="editor-label">
          @Html.LabelFor(model => model.Name)
       </div>
       <div class="editor-field">
```

```
            @Html.EditorFor(model => model.Name)
            @Html.ValidationMessageFor(model => model.Name)
        </div>
        <p>
            <input type="submit" value="Create" />
        </p>
    </fieldset>
    @Html.AntiForgeryToken()
}
<div>
    @Html.ActionLink("Back to List", "Index")
</div>
@section Scripts {
    @Scripts.Render("~/bundles/jqueryval")
}
```

4.4.2 动作过滤器

如图 4-6 所示，动作过滤器属性提供了 Action 发生前后的两个事件，用于在 Action 前后分别执行对应操作，这两个事件分别是 OnActionExecuting 和 OnActionExecuted。

常用动作过滤器为 AsyncTimeout 属性、NoAsyncTimeout 属性，这些属性都用于异步 Controller。

为了应用异步处理，需要使 Controller 成为异步 Controller，并遵循以下规则：

① 异步 Controller 派生于 AsyncController；

② 创建一个开始被调用的 Action，此 Action 名称必须为“操作名 Async”格式定义，此方法返回 void；

③ 创建一个异步处理完成后被调用的 Action，此 Action 名称必须为“操作名 Completed”格式定义，返回结果为 ActionResult，此操作用于实际返回需要的 View。

然后按以下代码模板编写异步处理程序，关键代码说明参见对应的注释内容。

```
public class AsyncDemoController : AsyncController
{
    private EBuyMusicEntities db = new EBuyMusicEntities();
    /// <summary>
    /// 异步的 Action
    /// </summary>
    public void IndexAsync()
    {
        //等待操作数加 1
        AsyncManager.OutstandingOperations.Increment();
```

```
        //创建后台处理对象
        var worker = new BackgroundWorker();
        //设置后台处理实际调用的方法
        worker.DoWork += new DoWorkEventHandler(GetAllAlbum);
        //设置异步处理完成后，回调的数据处理
        worker.RunWorkerCompleted += (o, e) =>
        {
            AsyncManager.Parameters["allAblum"] = e.Result;
            //等待操作数减 1。当此值为 0 时，则完成异步请求。
            AsyncManager.OutstandingOperations.Decrement();
        };
        //发出异步调用
        worker.RunWorkerAsync();
    }

    /// <summary>
    /// 实际完成长时间处理的方法
    /// </summary>
    /// <param name="o"></param>
    /// <param name="e"></param>
    private void GetAllAlbum(object o, DoWorkEventArgs e)
    {
        var allAblums = db.Album.Include("Artist").Include("Genre");
        e.Result = allAblums;
    }

    /// <summary>
    /// 异常处理完成后，自动调用的回调函数，通过此回调函数返回 View
    /// </summary>
    /// <param name="allAblum">实际数据</param>
    /// <returns>实际返回的 View</returns>
    public ActionResult IndexCompleted(IEnumerable<Album> allAblum)
    {
        return View(allAblum.ToList());
    }
}
```

在地址栏中输入请求：http://localhost:1511/asyncdemo/index，即可看到结果如图 4-7 所示。

音乐商店

注册 登录

主页 关于 联系方式

Index

Create New

Name	Name	Title	Price	AlbumArtUrl	
摇滚乐	崔健	一无所有	28.00	/Content/Images/havenothing.jpg	Edit | Details | Delete
摇滚乐	崔健	给你一点颜色	25.00	/Content/Images/color.gif	Edit | Details | Delete
摇滚乐	崔健	谁是崔健	54.00	/Content/Images/whoiscj.jpg	Edit | Details | Delete
摇滚乐	崔健	无能的力量	26.00	/Content/Images/Thepowerofthepowerless.jpg	Edit | Details | Delete
摇滚乐	猫王	I Feel so Bad	56.00	/Content/Images/IFeelsoBad.jpg	Edit | Details | Delete

图 4-7　异步请求处理结果

1. AsyncTimeout 属性

AsyncTimeout 属性可用于设置异步控制器的超时时间，超时时间以毫秒为单位，应用时只需要在被调用的 Action 前加上指定的超时时间，代码如下所示。

```
[AsyncTimeout(5000)]
public void IndexAsync()
{
  AsyncManager.OutstandingOperations.Increment();
  var worker = new BackgroundWorker();
  worker.DoWork += new DoWorkEventHandler(GetAllAlbum);
  worker.RunWorkerCompleted += (o, e) =>
  {
     AsyncManager.Parameters["allAblum"] = e.Result;
     AsyncManager.OutstandingOperations.Decrement();
  };
  worker.RunWorkerAsync();
}
```

其中的 5000 为超时时间 5 s。

2. NoAsyncTimeout 属性

NoAsyncTimeout 属性则设置 Action 没有超时时间，即异步操作一直等待代码执行结束，代码如下所示。

```
[NoAsyncTimeout]
public void IndexAsync() {}
```

4.4.3　结果过滤器

结果过滤器属性提供在执行视图前后将被执行的两个事件，最常见的结果过滤器属性就是输出缓存机制，通过 OutputCache 属性实现，把 Action 返回的 View 缓存在服务器中，在下次请求此 Action 时，不再执行 Action 而直接返回被缓存的 View，通过此机制可以极大地提高系统的响应速度和性能。

以下代码使艺术家列表的视图缓存在服务器中达到 10 min，在第一次请求生成对应的 View 后，10 min 内的请求都直接返回被缓存的 View，10 min 后的第一次请求，将再次执行 Action 中的代码，生成的 View 将被再次缓存 10 min。

```
    public class FilterDemoController : Controller
    {
        private EBuyMusicEntities db = new EBuyMusicEntities();

        [OutputCache(Duration = 600, VaryByParam = "none")]
        public ActionResult Index()
        {
            var firstArtist = db.Artist.First();
            firstArtist.Name = firstArtist.Name + "|" + DateTime.Now.Minute.
ToString();
            return View(db.Artist.ToList());
        }
    }
```

OutputCache 属性允许完全控制页面内容的缓存地点。

默认情况下，参数 Location 设置为 Any，表示内容可以缓存到三个地方：Web 服务器、代理服务器和用户浏览器。Location 参数可以设置的值为：Any、Client、Downstream、Server、None 或 ServerAndClient。默认值 Any 可以满足大部分情况，但不适用于需要进行细粒度控制缓存的情况。如用户名等个人信息如果使用 Any 值进行缓存，则第一个请求的个人信息将会被显示到其后的许多用户页面中，为此可以把 Location 的值设置为 Client 和 NoStore，代码写成[OutputCache(Duration = 600, VaryByParam = "none", Location = OutputCacheLocation.Client, NoStore = true)]，以此把数据存储在用户的浏览器，这样，客户端在有缓存数据时，将不再向服务器发送请求。

VaryByParam 参数则可以控制缓存同一个操作时能缓存多个不同的输出结果。一般当 Action 返回的 View 将根据传入的参数不同而不同时，那么需要根据参数的值不同而缓存不同的 View，此时可以设置 VaryByParam 为对应的参数名，如果此值设置为 none，那么则一直使用同一个缓存的页面内容；如果此值为*，那么每次请求都显示不同的缓存，此时缓存没有实际意义。

表 4-2 列出了 OutputCache 属性类中定义的可用属性。

表 4-2　OutputCache 属性类的属性

参　数	描　述
CacheProfile	使用的输出缓存策略的名称
Duration	缓存内容的生命周期，以秒为单位
Enabled	是否启用缓存
NoStore	是否启用 HTTP Cache-Control
SqlDependency	缓存依赖的数据库和表名
VaryByContentEncoding	用逗号分隔的字符编码列表，用来区分输入缓存
VaryByCustom	自定义字符串用来区分输出缓存
VaryByHeader	逗号分隔的 HTTP 消息头，以此来区分缓存
VaryByParam	通过参数来缓存不同的缓存结果

当多个地方需要使用同样的缓存规则时，可以把这些规则定义在配置文件 web.config 的 system.web 节中，使用 output cache profiles 来定义全局缓存规则，定义规则模板如下所示。

```
<caching>
    <outputCacheSettings>
    <outputCacheProfiles>
        <add name="ArtistCache" duration="3600" varyByParam="none" />
    </outputCacheProfiles>
    </outputCacheSettings>
</caching>
```

然后，在需要使用此缓存规则的 Action 前，添加以下 OutputCache 属性代码。

```
[OutputCache(CacheProfile = "ArtistCache")]
```

4.4.4　异常过滤器

使用 ASP.NET MVC 中的 HandleErrorAttribute 特性可以指定如何处理由操作方法引发的异常。默认情况下，当具有 HandleErrorAttribute 特性的操作方法引发任何异常时，MVC 将显示位于~/Views/Shared 文件夹中的 Error 视图。

可以通过设置以下属性来修改 HandleErrorAttribute 筛选器的默认行为：

ExceptionType：指定该筛选器将处理的异常类型。如果未指定此属性，则该筛选器将处理所有异常。

View：指定要显示的视图的名称。

Maste：指定要使用的母版视图的名称（如果有）。

Order：指定应用筛选器的顺序（如果某个方法可能有多个 HandleErrorAttribute 筛选器）。

HandleErrorAttribute 特性的 Order 属性可帮助确定哪个 HandleErrorAttribute 筛选器用来处理异常。可以将 Order 属性设置为一个整数值，该值指定从-1（最高优先级）到任何正整数值的优先级。整数值越大，过滤器的优先级越低。

要启用供 HandleErrorAttribute 筛选器使用的自定义错误处理，请向应用程序的 Web.config 文件的 system.web 节添加 customErrors 元素，如下面的示例所示：

```
<system.web>
```

```
  <customErrors mode="On" defaultRedirect="Error" />
</system.web>
```

添加 Action 如下所示：

```
public ActionResult GetArtist(int id)
{
  Artist artist = db.Artist.Single(a => a.ArtistId == id);
  if(artist == null)
  {
     return HttpNotFound();
  }
  return View(artist);
}
```

则运行时输入地址：http://localhost:4323/filterdemo/GetArtist/34，由于系统中不存在 ID 为 34 的音乐人，所以将引发 InvalidOperationException 类型的异常，进而显示位于 ~/Views/Shared 文件夹中的 Error 视图。

为了使用自定义的异常视图，在 Action 前添加 HandlerError 属性，代码如下所示：

```
[HandleError(ExceptionType = typeof(InvalidOperationException), Order = -1,
View = "MyErrorView")]
```

则用同样的地址，将显示自定义的异常处理页面 MyErrorView.cshtml，如图 4-8 所示。

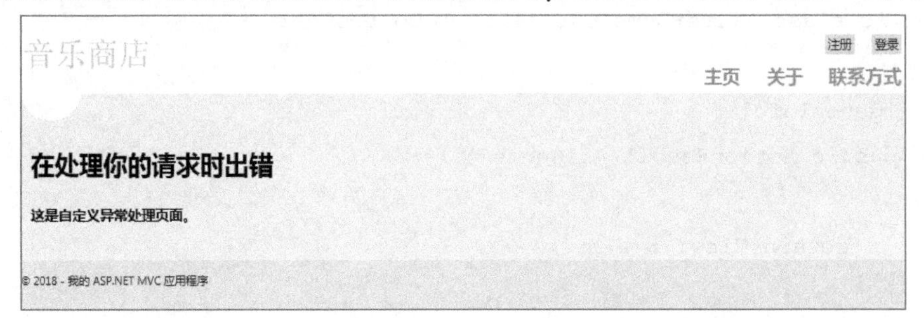

图 4-8　自定义异常处理 View

此外可以在 Web.config 文件的 customErrors 节中将应用程序配置为显示一个错误文件，如下面的示例所示：

```
<system.web>
  <customErrors mode="On" defaultRedirect="GenericErrorPage.htm">
    <error statusCode="500" redirect="/Error.htm" />
  </customErrors>
</system.web>
```

4.4.5　自定义动作过滤器

在某些实际应用中，需要通过自定义的动作过滤器属性来实现一些特定的要求，此时仅需要实现一个继承 FilterAttrbute 类，并实现 IactonFilter、IResultFilter 接口，为了这个过程更加容易，可以直接继承 ActionFilterAttribute 基类。

实际应用中最常见的自定义动作过滤器是多个 Action 需要读取同一数据，此时可以把读取数据的代码在各个地方分别写同样的代码(不好的习惯，引导代码的重复，不好维护代码)，也可以把代码提取成一个独立的方法来调用，但更好的方法是把此功能实现编写在自定义动作过滤器中。

以下自定义动作过滤器属性是读取所有音乐流派数据，此过滤器把读取到的数据保存到 ViewData["AllGenre"]中。

```
public class GenreInfoAttribute : ActionFilterAttribute
{
    private EBuyMusicEntities db = new EBuyMusicEntities();
    public override void OnActionExecuting(ActionExecutingContext filter
Context)
    {
        filterContext.Controller.ViewData["AllGenre"] = db.Genre.ToList();
    }
}
```

在 FilterDemoController 的 AllGenre 和 GetGenre 两个 Action 上应用自定义动作过滤器属性的代码如下所示：

```
public class FilterDemoController : Controller
{
    [GenreInfo]
    public ActionResult AllGenre()
    {
        return View();
    }
    [GenreInfo]
    public ActionResult GetGenre()
    {
        return View();
    }
}
```

则在 View 中都可直接使用对应的 ViewData["AllGenre"]来操作过滤器中已保存的数据，代码如下所示：

```
@using EBuy;
@model IEnumerable<EBuy.Genre>
@{
    ViewBag.Title = "AllGenre";
```

```
    List<Genre> allGenre = (List<Genre>)ViewData["AllGenre"];
}
<h2>
    AllGenre</h2>
<p>
    @Html.ActionLink("Create New", "Create")
</p>
<table>
    <tr>
        <th width="10%">
            @Html.Label("流派名称")
        </th>
        <th>
            @Html.Label("流派说明")
        </th>
        <th width="10%">
        </th>
    </tr>
    @foreach (var item in allGenre)
    {
        <tr>
            <td>
             @Html.DisplayFor(modelItem => item.Name)
            </td>
            <td>
             @Html.DisplayFor(modelItem => item.Description)
            </td>
            <td>
             @Html.ActionLink("Edit", "Edit", new { id = item.GenreId }) |
             @Html.ActionLink("Details", "Details", new { id=item.GenreId }) |
             @Html.ActionLink("Delete", "Delete", new { id=item.GenreId })
            </td>
        </tr>
    }
</table>
```

4.5　动作执行结果

ActionResult 是 Action 执行的结果，但抽象类 ActionResult 中并不包含执行结果，仅包含执行响应时所需要的信息，实际的执行结果是表 4-3 中所列的各类 ActionResult。

表 4-3　常用 ActionResult

类	Controller 辅助方法	说　明
ContentResult	Content	返回用户自定义的文本内容
EmptyResult		不返回任何数据
JsonResult	Json	返回 Json 格式数据
RedirectResult	Redirect	重定向到指定的 URL
RedirectRouteResult	RedirectToAction、RedirectToRoute	将用户重新定向到通过路由选择参数指定的 URL 中
ViewResult	View	返回展示给用户的前台页面（视图）
PartialViewResult	PartialView	与 ViewResult 类似，返回的是“部分 View”
FileResult	File	以二进制流的方式返回一个文档
JavaScriptResult	JavaScript	返回 JavaScript 代码

表中的 Controller 辅助方法是在 Controller 中为返回 ActionResult 类提供支持，也是更常用的方法，例如在 Action 中需要跳转到 HomeController 的 Index 的 Action 代码如下：

```
return new RedirectResult("/Home/Index");
```

但实际代码更常用：

```
return Redirect("/Home/Index");
```

4.5.1　常用的动作执行结果类

1. ViewResult

ViewResult 是 ASP.NET MVC 中最常用的 ActionResult，用于返回一个标准的 View。通过 Controller 辅助方法，能很方便地定义如何输出 View，可以指定要输出的 View 的名称、指定该 View 要应用的 MasterPage、指定要输入到 View 的 Model 等。

以下示例将把默认的 View 输出到客户端，即“Views/Home”文件夹中与 Action 同名的 Index.cshtml 文件执行后返回到客户端。

```
public class HomeController : Controller
{
    public ActionResult Index()
    {
        ViewBag.Message = "修改此模板以快速启动你的 ASP.NET MVC 应用程序。";
        return View();
    }
}
```

以下示例则将指定名称（About）的 View 返回给客户端，即“Views/Home”文件夹中指定名称的 About.cshtml 文件执行后返回到客户端。

```
public class HomeController : Controller
```

```
{
  public ActionResult Index()
  {
     ViewBag.Message = "修改此模板以快速启动你的 ASP.NET MVC 应用程序。";
     return View("About");
  }
}
```

以下示例指定返回 View 的同时，还指定将使用的 MasterPage。

```
public class HomeController : Controller
{
  public ActionResult Index()
  {
     ViewBag.Message = "修改此模板以快速启动你的 ASP.NET MVC 应用程序。";
     return View("About","MasterPage");
  }
}
```

注意：当使用的 View 中已定义好使用 MasterPage，而 Action 中也指定了 MasterPage，且两个指定的 MasterPage 不同时，将以 Action 中指定的 MasterPage 为主。

以下示例将指定的数据传输到默认的 View 中，然后在 View 中即可使用此指定的数据。

```
public ActionResult Create(Genre genre)
{
  if(ModelState.IsValid)
  {
     db.Genre.AddObject(genre);
     db.SaveChanges();
     return RedirectToAction("Index");
  }
  return View(genre);
}
```

2. PartialViewResult

PartialViewResult 与 ViewResult 本质上一致，只是部分视图不支持母版，对应于 ASP.NET，ViewResult 相当于一个 Page，而 PartialViewResult 则相当于一个 UserControl。

以下示例会执行“/Views/Home/About.ascx”。

```
public class HomeController : Controller
{
   public ActionResult About()
   {
      return PartialView();
```

```
    }
}
```

3. EmptyResult

在某些情况下，Action 执行后不需要返回任何数据，则可以使用 EmptyResult 来实现。以下示例即使用 EmptyResult。

```
public ActionResult Create()
{
  return  new EmptyResult();
}
```

此外，还可以用以下示例完成同样的处理。

```
public void  Create()
{
  return;
}
```

4. ContentResult

ContentResult 可以响应文本内容，以下示例将向客户端返回 XML 文本，并设置客户端显示文本时的 Content-Type 为 text/xml。

```
public ActionResult GetContent()
{
  return Content("<Author><Name>李响</Name></Author>", "text/xml",
Encoding.UTF8);
}
```

以下示例可以完成同样的功能。

```
public string GetConentString()
{
  return "<Author><Name>李响</Name></Author>";
}
```

5. FileResult

FileResult 可以响应任意的文档内容，包括图像文件、PDF 文档等二进制数据，还可以使用 byte 数组、文档路径、Stream 数据、Content-Type、下载文件名等参数并将其返回客户端。由于 FileResult 是抽象类，所以实际使用的就三个派生类，即 FilePathResult、FileContentResult 和 FileStreamResult，分别用于响应实体文档、byte 数组的内容及 Stream 数据。

以下示例将在浏览器中显示“Content/Images”文件夹中的图像文件 AbbeyRoad.jpg。

```
public ActionResult OpenImageFile()
{
  return File(Server.MapPath("~/Content/Images/AbbeyRoad.jpg"), "image/ jpg");
}
```

在上例的基础上，File 辅助方法指定第三个参数（保存时的文件名），即可要求客户端下载指定的文件。

```
public ActionResult DownloadImageFile()
{
  return File(Server.MapPath("~/Content/Images/AbbeyRoad.jpg"),"image/jpg",
"甲壳虫乐队.jpg");
}
```

6. JsonResult

Json（JavaScript Object Notation）是 Web 在实现 Ajax 应用时经常用到的一种数据传输格式，JsonResult 类可以将对象转换成 Json 格式返回的类，JsonResult 类默认的 Content-Type 为 application/json。

以下示例即提供 Json 数据的返回值。

```
public ActionResult ArtistJson(int id)
{
  db.ContextOptions.ProxyCreationEnabled = false;
  Artist artist = db.Artist.First(a => a.ArtistId == id);
  if (artist == null)
  {
     return HttpNotFound();
  }
  return Json(new { id = artist.ArtistId, name = artist.Name });
}
```

使用 POST 方法即可读取对应的 Json 数据(本章示例代码中根目录下的 JsonClient.htm 页面可作为测试客户端页面),但对于使用 GET 方法读取本 Action,则将引发异常,因为 ASP.NET MVC 为了防止 JSON Hijacking 攻击而禁止了 GET 方法读取对应的 JsonResult。为了使 GET 方法也能读取 JsonResult 结果，则使用 Json 辅助方法的另一重载形式，代码改为

```
return Json(new { id = artist.ArtistId, name = artist.Name },
JsonRequest Behavior.AllowGet);
```

即可直接在地址栏中输入对应的 URL 调用此 Action，并得到 Json 数据。

但为了系统的安全，最好不放开 GET 方式的请求许可。

7. JavaScriptResult

JavaScriptResult 的作用是把 JavaScript 代码返回给客户端，实现客户端的动态执行对应 JavaScript 代码，以下示例向客户端返回一个提示信息的 JavaScript 代码。

```
public ActionResult JavaScriptAction()
{
  return JavaScript("alert('执行了服务器返回的 JavaScript 代码');");
}
```

8. RedirectResult

RedirectResult 主要用于执行指向其他地址的重定向，以下示例将跳转到/Home/Index。

```
public ActionResult RedirectToUrl()
{
  return Redirect("/Home/Index");
}
```

9. RedirectToRouteResult

RedirectToRouteResult 与 RedirectResult 类似，用于跳转，但执行过程中将计算路由值，主要的方法包括 RedirectToAction 及 RedirectToRoute 两个方法。

以下代码跳转到同一 Controller 中的指定名称（otherActionName）的 Action 中。

```
RedirectToAction("otherActionName");
RedirectToRoute(new {action = "otherActionName"});
```

以下代码跳转到指定名称（otherControllerName）的 Controller 中的指定名称（otherAction Name）的 Action 中。

```
RedirectToAction("otherControllerName", "otherActionName");
RedirectToRoute(new {controller = "otherControllerName",
action = "otherActionName"});
```

以下代码跳转到指定名称（otherControllerName）的 Controller 中的指定名称（otherAction Name）的 Action 中时，还输入指定的参数（如 id=3，page=3）。

```
RedirectToAction("otherControllerName","otherActionName",new {id=3});
RedirectToRoute(new { controller = "otherControllerName",
action = "other ActionName", page = 3});
```

4.5.2 ViewData 与 TempData

当 Action 返回 View 时，往往需要向 View 输入数据，输入的数据常用 ViewData、TempData 和强类型来实现，有关强类型参见第 5 章相关内容。

1. ViewData

ViewData 是一个 ViewDataDictionary 类，可用于存储任意对象的数据，但存储的数值为字符串，并且只保存在当前 HTTP 请求中，其详细使用方法参见第 5 章内容。

2. TempData

TempData 与 ViewData 类似，也是字典类，但 TempData 的值只是暂时保存在 1 次请求中，请求发送回服务器后，Action 结束则保存的值将被清空。

设计 TempData 的主要目的是，防止应该只发送一次的请求会被多次发送到服务器而引发不应发生的多次处理同一数据的情况。最常用的场景就是在向系统中发送添加数据的请求时，用户可能在浏览器中使用“刷新”等操作，这些操作会把同样的数据多次发送给服务器，但实际上用户可能只是需要添加一份数据。

本 章 小 结

本章内容主要是展示 Controller 在 ASP.NET MVC 中的应用技术，Controller 是 MVC 中

的处理中枢，Controller 通过 Action 接收客户端的数据，并完成各种处理和导航。由于 Controller 的各种结果通常需要由 View 来展示给客户，所以 Controller 与 View 将进行交互，而交互的数据又常通过强类型的 Modle 完成。此外，需要适当地使用各动作过滤器。

习 题

一、简答题

1. 简述 Controller 的作用。
2. 为什么 Create、Edit 之类的 Action 会有两个同名的 Action?
3. 列举过滤器属性的种类及其使用方法。

二、操作题

主要任务

- 编写书籍相关数据访问代码。
- 创建书籍分类浏览视图。
- 创建书籍管理控制器。

实施步骤

1. 编写数据访问代码

按照第 3 章介绍的库模式创建书籍相关的数据库访问代码，首先根据功能需求定义接口，在项目的 Models 文件夹下创建一个 IBookRepository.cs 文件，并添加如下代码:

```
using System;
using System.Collections.Generic;
using System.Linq;
using System.Web;
namespace MvcBookStore.Models
{
    public interface IBookRepository
    {
        IList<Books> GetTopSellingBooks(int count);
        //根据 ID 获取书籍
        Books GetBookById(int id);
        //根据 ID 删除书籍
        void DeleteBookById(int id);
        //更新书籍数据
        void UpdateBook(Books book);
        //添加新书籍
        void AddToBooks(Books book);
        //获取全部书籍
        IList<Books> GetAllBooks();
    }
}
```

接口创建完成后，根据接口的定义，创建 BookRepository 类实现接口，同样在项目的 Models 文件夹下，创建一个 BookRepository.cs 文件，并实现该类，具体代码如下：

```
using System;
using System.Collections.Generic;
using System.Linq;
using System.Web;
using System.Data;
namespace MvcBookStore.Models
{
    public class BookRepository:IBookRepository
    {
        //获取最畅销书籍
        public IList<Books> GetTopSellingBooks(int count)
        {
            using (Models.MvcBookStoreEntities db = new MvcBookStoreEntities())
            {
                //暂时返回全部书籍
                return db.Books.Take(count).ToList();
            }
        }
        public Books GetBookById(int id)
        {
            using (Models.MvcBookStoreEntities db = new MvcBookStoreEntities())
            {
                //根据id返回书籍
                return db.Books.Include("Categories").Single(b=>b.BookId==id);
            }
        }
        public void DeleteBookById(int id)
        {
            using(Models.MvcBookStoreEntities db=new MvcBookStoreEntities())
            {
                //根据id删除书籍
                Books books = db.Books.Single(b => b.BookId == id);
                db.Books.DeleteObject(books);
                db.SaveChanges();
            }
        }
        public void UpdateBook(Books book)
        {
```

```
            using(Models.MvcBookStoreEntities db=new MvcBookStoreEntities())
            {
                //根据 id 删除书籍
                db.Books.Attach(book);
                db.ObjectStateManager.ChangeObjectState(book,EntityState.Modified);
                db.SaveChanges();
            }
        }
        public void AddToBooks(Books book)
        {
            using(Models.MvcBookStoreEntities db=new MvcBookStoreEntities())
            {
                //添加到 Books 表
                db.Books.AddObject(book);
                db.SaveChanges();
            }
        }
        public IList<Books> GetAllBooks()
        {
            using(Models.MvcBookStoreEntities db=new MvcBookStoreEnti ties())
            {
                //返回全部书籍
                return db.Books.Include("Categories").ToList();
            }
        }
    }
}
```

除了书籍数据外，书籍管理功能还需用到书籍种类数据，所以还要创建 ICategoryRepository 接口，并根据数据访问需求定义方法，还是在项目的 Models 文件夹下，创建一个 ICategory Repository.cs 文件，并添加如下代码：

```
using System;
using System.Collections.Generic;
using System.Linq;
using System.Web;
namespace MvcBookStore.Models
{
    public interface ICategoryRepository
    {
        //获取所有类别
        IList<Categories> GetAllCategories();
```

```
        //根据类别 id 获取类别并包含书籍
        Categories GetCategoriesById(int id);
        //根据 id 获取书籍
        Books GetBooksById(int id);
    }
}
```

接下来，创建 CategoryRepository 类实现接口，同样在项目的 Models 文件夹下创建一个 CategoryRepository.cs 文件，并实现该类，具体代码如下：

```
using System;
using System.Collections.Generic;
using System.Linq;
using System.Web;
namespace MvcBookStore.Models
{
    public class CategoryRepository:ICategoryRepository
    {
        public IList<Categories> GetAllCategories()
        {
            using(Models.MvcBookStoreEntities db=new MvcBookStoreEn tities())
            {
                //获取书籍种类列表
                return db.Categories.ToList();
            }
        }
        public Categories GetCategoriesById(int id)
        {
            using(Models.MvcBookStoreEntities db=new MvcBookStoreEnti ties())
            {
                //根据 ID 获取类别，并包含该类别全部书籍数据
                return db.Categories.Include("Books").Single(c =>
c.CategoryId == id);
            }
        }
        public Books GetBooksById(int id)
        {
            using(Models.MvcBookStoreEntities db=new MvcBookStoreEnti ties())
            {
                //根据 ID 获取书籍，并包含书籍类别书籍
                return db.Books.Include("Categories").Single(b=>b.BookId ==id);
            }
```

```
        }
    }
}
```

2. 创建书籍分类浏览视图

打开 StoreController.cs，利用创建好的数据库访问类完善 StoreController 控制器，具体代码如下：

```
using System;
using System.Collections.Generic;
using System.Linq;
using System.Web;
using System.Web.Mvc;
using MvcBookStore.Models;
namespace MvcBookStore.Controllers
{
    public class StoreController : Controller
    {
        ICategoryRepository _categoryRepository;
        public StoreController()
        {
            _categoryRepository = new CategoryRepository();
        }
        //
        // GET: /Store/
        public ActionResult Index()
        {
            //获取所有种类
            return View(_categoryRepository.GetAllCategories());
        }
        //
        // GET: /Store/Browse
        public ActionResult Browse(int id)
        {
            //根据类别 id 获取书籍
            return View(_categoryRepository.GetCategoriesById(id));
        }
        //
        // GET: /Store/Details
        public ActionResult Details(int id)
        {
            //根据书籍 id 获取详细书籍信息
```

```
            return View(_categoryRepository.GetBooksById(id));
        }
    }
}
```

项目编译无误后，创建 StoreController 控制器的 Index 视图，视图创建参数如图 4-9 所示。

视图创建完成后，打开视图模板代码，根据需求按如下方式重写 Index 视图代码：

```
@model IEnumerable<MvcBookStore.Models.Categories>
@{
    ViewBag.Title = "选择书籍类别";
}
<h2>书籍类别</h2>
<h3>共有 @Model.Count() 个种类可以选择: </h3>
<ol class="round">
    @foreach (var category in Model)
    {
        <li class="one"><h5>@Html.ActionLink(@category.Name, "Browse",
new { id = @category.CategoryId })</h5></li>
    }
</ol>
```

图 4-9　创建 Index 视图

编译并运行项目，浏览“/Store/Index”，看到图 4-10 所示的书籍类别列表页面。

接下来，创建 StoreController 控制器的 Browse 视图，视图创建参数如图 4-11 所示。

图 4-10　书籍类别列表页面

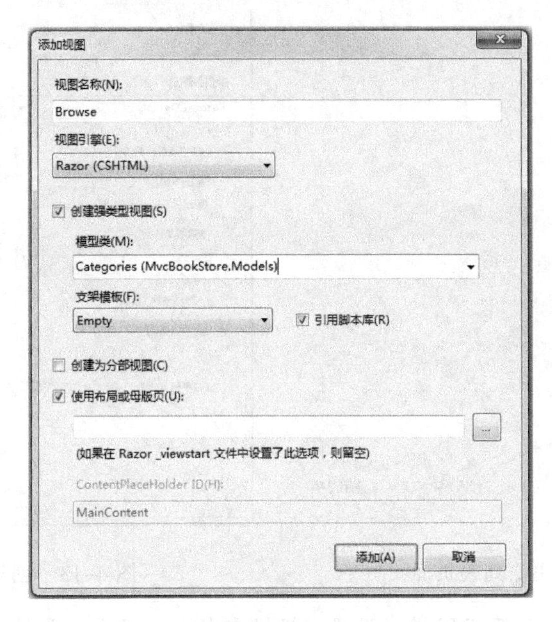

图 4-11　创建 Browse 视图

视图创建完成后，打开视图模板代码，根据需求按如下方式重写 Browse 视图代码:

```
@model MvcBookStore.Models.Categories
@{
    ViewBag.Title = "分类浏览";
}
<div class="genre">
    <h2>种类: @Model.Name</h2>
    <ul id="album-list">
        @foreach (var book in Model.Books)
        {
            <li>
                <a href="@Url.Action("Details",new { id = book.BookId })">
                    <img alt="@book.Title" src="@book.BookCoverUrl" />
```

```
                    <span>@book.Title</span>
                </a>
            </li>
        }
    </ul>
</div>
```

编译并运行项目，浏览“/Store/Index”，选择一个书籍类别，看到图 4-12 所示的该类别书籍列表页面。

最后，创建 StoreController 控制器的 Details 视图，视图创建参数如图 4-13 所示。

图 4-12　分类书籍列表页面

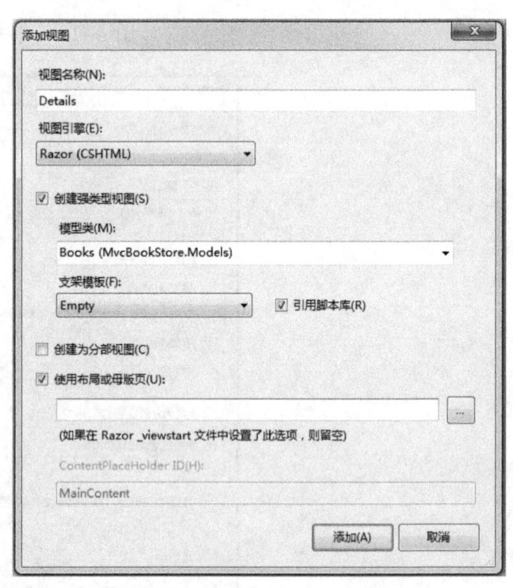

图 4-13　创建 Details 视图

视图创建完成后，打开视图模板代码，根据需求按如下方式重写 Details 视图代码:

```
@model MvcBookStore.Models.Books
@{
    ViewBag.Title = "书籍信息";
}
<h2>书名: @Model.Title</h2>
<p>
    <img alt="@Model.Title" src="@Model.BookCoverUrl" />
</p>
<div>
    <p>
        <b>类别:</b>
        @Model.Categories.Name
    </p>
```

```
        <p>
            <b>作者:</b>
            @Model.Authors
        </p>
        <p>
            <b>价格:</b>
            @String.Format("{0:F}",Model.Price)
        </p>
        <p class="button">
            @Html.ActionLink("添加到购物车", "AddToCart", "ShoppingCart",
new { id = Model.BookId }, "")
        </p>
    </div>
```

编译并运行项目，浏览“/Store/Index”，选择一个书籍类别，选择一本书籍，看到图 4-14 所示的书籍详细信息页面，在该页面中单击“添加到购物车”按钮可将该书籍放入购物车。目前的项目，购物车功能还未实现。

3. 创建控制器

根据第 2 章中讲到的方法，创建一个名为 StoreManagerController 的控制器，控制器创建设置如图 4-15 所示。

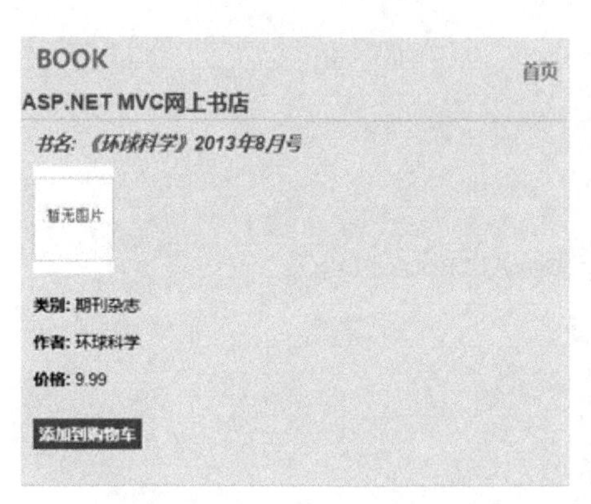

图 4-14　书籍详细信息页面

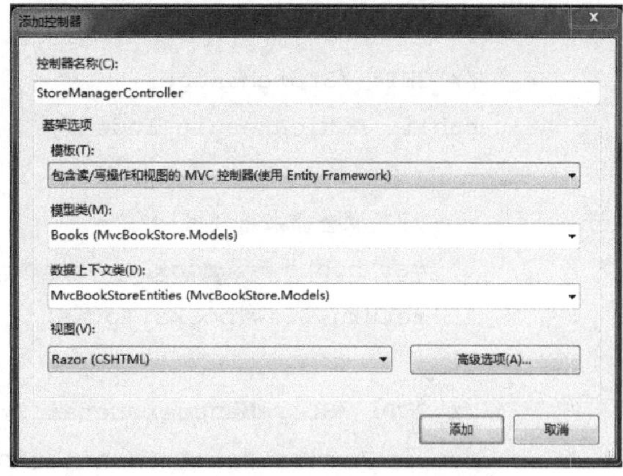

图 4-15　创建控制器窗口

值得注意的是，如果在窗体中找不到需要的选项，不妨先把整个项目编译一遍，然后再试试看。当单击“添加”按钮后，Visual Studio 开发环境将为用户完成大量工作，包括在项目中添加 StoreManagerController 控制器类，在 Views 文件夹下创建 StoreManager 文件夹，并向该文件夹中添加 Create.cshtml、Delete.cshtml、Details.cshtml、Edit.cshtml 和 Index.cshtml 视图模板。

虽然开发环境为控制器的创建做了大量工作，但用户还是应该根据项目的具体需求对部分代码进行重新编写，完成后的 StoreManagerController 类代码如下：

```
using System;
```

```
using System.Collections.Generic;
using System.Data;
using System.Data.Entity;
using System.Linq;
using System.Web;
using System.Web.Mvc;
using MvcBookStore.Models;
namespace MvcBookStore.Controllers
{
    public class StoreManagerController : Controller
    {
        //库模式数据库访问实例
        IBookRepository _bookRepository;
        ICategoryRepository _categoryRepository;
        public StoreManagerController()
        {
            //初始化数据库访问实例
            _bookRepository = new BookRepository();
            _categoryRepository = new CategoryRepository();
        }
        // GET: /StoreManager/
        public ActionResult Index()
        {
            //获取全部书籍数据
            var books = _bookRepository.GetAllBooks();
            return View(books.ToList());
        }
        // GET: /StoreManager/Details/5
        public ActionResult Details(int id = 0)
        {
            //根据 ID 找到书籍
            Books books = _bookRepository.GetBookById(id);
            if(books == null)
            {
                return HttpNotFound();
            }
            return View(books);
        }
        // GET: /StoreManager/Create
```

```
        public ActionResult Create()
        {
            //为下拉列表准备的类别数据
            ViewBag.CategoryId = new SelectList(_categoryRepository.GetAll
Categories(), "CategoryId", "Name");
            return View();
        }
        // POST: /StoreManager/Create
        [HttpPost]
        public ActionResult Create(Books books)
        {
            if(ModelState.IsValid)
            {
                //添加新书籍
                _bookRepository.AddToBooks(books);
                return RedirectToAction("Index");
            }
            //为下拉列表准备的类别数据
            ViewBag.CategoryId = new SelectList(_categoryRepository.GetAll
Categories(), "CategoryId", "Name", books.CategoryId);
            return View(books);
        }
        // GET: /StoreManager/Edit/5
        public ActionResult Edit(int id = 0)
        {
            //根据 ID 获取书籍
            Books books = _bookRepository.GetBookById(id);
            if(books == null)
            {
                return HttpNotFound();
            }
            //创建下拉列表
            ViewBag.CategoryId = new SelectList(_categoryRepository.GetAll
Categories(), "CategoryId", "Name", books.CategoryId);
            return View(books);
        }
        // POST: /StoreManager/Edit/5
        [HttpPost]
        public ActionResult Edit(Books books, string authorsName)
```

```
        {
            if(ModelState.IsValid)
            {
                //更新书籍数据
                _bookRepository.UpdateBook(books);
                return RedirectToAction("Index");
            }
            //为下拉列表准备的类别数据
            ViewBag.CategoryId = new SelectList(_categoryRepository.GetAll
Categories(), "CategoryId", "Name", books.CategoryId);
            return View(books);
        }
        // GET: /StorezManager/Delete/5
        public ActionResult Delete(int id = 0)
        {
            //根据 ID 获取书籍
            Books books = _bookRepository.GetBookById(id);
            if(books == null)
            {
                return HttpNotFound();
            }
            return View(books);
        }
        // POST: /StoreManager/Delete/5
        [HttpPost, ActionName("Delete")]
        public ActionResult DeleteConfirmed(int id)
        {
            //根据 ID 删除书籍
            _bookRepository.DeleteBookById(id);
            return RedirectToAction("Index");
        }
    }
}
```

至此，StoreManagerController 类创建完成，其中的数据访问代码都是基于库模式实现的。

视图

学习目标

- 了解视图的基础知识
- 了解视图模型
- 理解视图约定
- 了解添加视图的方法
- 熟悉强类型视图
- 掌握 Razor 视图引擎的相关知识
- 掌握指定部分视图的方法

重点难点

- 视图的基本概念
- 强类型视图
- 添加视图的方法
- Razor 的用法
- 指定部分视图的方法

在 Web 开发中，登录功能是一个非常常见的基本模块，下面结合登录案例，学习视图的相关知识和开发技巧，为 Home 控制器的 Login 操作设计 Login 视图，编写 Login()操作的功能，实现登录验证。效果如图 5-1～图 5-4 所示。

图 5-1　登录界面

图 5-2　登录界面提示错误

图 5-3　登录界面输入账号和密码

图 5-4　登录成功界面

5.1 视图概述

5.1.1 视图的作用

通过第 4 章的学习，我们知道，大部分控制器需要以 HTML 格式动态显示信息，如果能够在模板中填入动态数据，会使整个页面的显示变得非常重要。此时，视图就应运而生了。

视图的职责是向用户提供显示界面，当控制器针对被请求 URL 执行完对应的逻辑后，就把要显示的内容提交给视图。由视图整合数据与模板，最后完整显示在浏览器中。

在 ASP.NET MVC 中，视图就是应用程序的业务层或模型的表示。通俗地说，视图就是 HTML 和能够在 Internet 上传输的文件格式，例如 JSON、XML、二进制数据等。

在 MVC 框架中，视图不能被用户直接访问，只有控制器能够处理用户的访问请求，并根据相应的逻辑，渲染对应的视图，提供必要的数据，并控制视图返回结果。ASP.NET MVC 框架提供了一个称为视图引擎的程序模块，因此，视图可以采用不同类型的呈现方式，这些呈现方式都是由 MVC 框架支持的。视图引擎负责根据控制器和操作的名称选择合适的视图。

在一些简单情况下，控制器向视图提供少量数据或者不提供数据。更常见的是控制器向视图提供完整的信息，此时，控制器会传递一个数据对象，称为模型。视图把模型转换成适合在浏览器中显示的格式。这也是视图的用途之一。

5.1.2 视图的基础知识

当用户在浏览器中访问 Web 程序时，能够留下第一印象的就是视图。视图是 Web 应用程序的外在呈现。

理解视图最简单的方法就是查看一个新 ASP.NET Web 应用程序中默认的视图。下面看一个简单的例子：新建 ASP.NET Web 应用程序项目，选择 ASP.NET 5 模板中的 Web Application，如图 5-5 所示。

打开创建的项目下/View/Home/Index.cshtml 文件，如程序清单 5-1 所示。

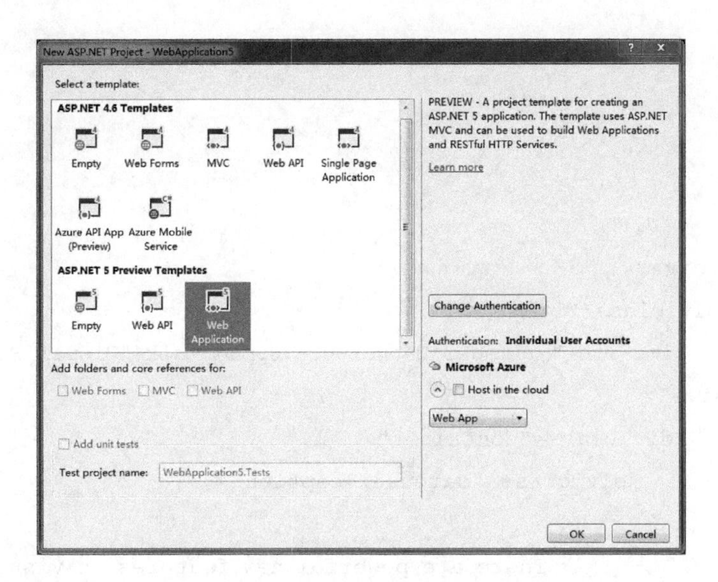

图 5-5　ASP.NET5 模板

【程序清单 5-1】

```
@{
    ViewData["Title"] = "Home Page";
}

<div id="myCarousel" class="carousel slide" data-ride="carousel"
data-in terval="6000">
    <ol class="carousel-indicators">
        <li data-target="#myCarousel" data-slide-to="0" class="active"> </li>
        <li data-target="#myCarousel" data-slide-to="1"></li>
        <li data-target="#myCarousel" data-slide-to="2"></li>
        <li data-target="#myCarousel" data-slide-to="3"></li>
    </ol>
    <div class="carousel-inner" role="listbox">
        <div class="item active">
            <img src="~/images/ASP-NET-Banners-01.png" alt="ASP.NET" class=
"img-responsive">
            <div class="container">
                <div class="carousel-caption">
                    <p>
                        Learn how to build ASP.NET apps that can run anywhere.
                        <a class="btn btn-default btn-default" href="http://
go.microsoft.com/fwlink/?LinkID=525028&clcid=0x409">
```

```
                        Learn More
                    </a>
                </p>
            </div>
        </div>
    </div>
    <div class="item">
        <img src="~/images/Banner-02-VS.png" alt="Visual Studio" class=
"img-responsive">
        <div class="container">
            <div class="carousel-caption">
                <p>
                    There are powerful new features in Visual Studio for
building modern web apps.
                    <a class="btn btn-default btn-default" href="http://
go.microsoft.com/fwlink/?LinkID=525030&clcid=0x409">
                        Learn More
                    </a>
                </p>
            </div>
        </div>
    </div>
    <div class="item">
        <img src="~/images/ASP-NET-Banners-02.png" alt="Package Manag
ement" class="img-responsive">
        <div class="container">
            <div class="carousel-caption">
                <p>
                    Bring in libraries from NuGet, Bower, and npm, and
automate tasks using Grunt or Gulp.
                    <a class="btn btn-default btn-default" href="http://
go.microsoft.com/fwlink/?LinkID=525029&clcid=0x409">
                        Learn More
                    </a>
                </p>
            </div>
        </div>
    </div>
```

```
        <div class="item">
            <img src="~/images/Banner-01-Azure.png" alt="Microsoft Azure" 
class="img-responsive">
            <div class="container">
                <div class="carousel-caption">
                    <p>
                        Learn how Microsoft's Azure cloud platform allows you 
to build, deploy, and scale web apps.
                        <a class="btn btn-default btn-default" href="http://
go.microsoft.com/fwlink/?LinkID=525027&clcid=0x409">
                            Learn More
                        </a>
                    </p>
                </div>
            </div>
        </div>
    </div>
</div>

<div class="row">
    <div class="col-md-3">
        <h2>Application uses</h2>
        <ul>
            <li>Sample pages using ASP.NET 5 (MVC 6)</li>
            <li><a  href="http://go.microsoft.com/fwlink/?LinkId=518007">
Gulp</a> and <a href="http://go.microsoft.com/fwlink/?LinkId=518004">Bower
</a> for managing client-side resources</li>
            <li>Theming using <a href="http://go.microsoft.com/fwlink/?Lin
kID=398939">Bootstrap</a></li>
        </ul>
    </div>
    <div class="col-md-3">
        <h2>New concepts</h2>
        <ul>
            <li><a  href="http://go.microsoft.com/fwlink/?LinkId=518008">
Conceptual overview of ASP.NET 5</a></li>
            <li><a  href="http://go.microsoft.com/fwlink/?LinkId=518008">
Fundamentals in ASP.NET 5</a></li>
```

```
                <li><a href="http://go.microsoft.com/fwlink/?LinkID=517849">
Client-Side Development using npm, Bower and Gulp</a></li>
                <li><a href="http://go.microsoft.com/fwlink/?LinkID=517850">
Develop on different platforms</a></li>
            </ul>
        </div>
        <div class="col-md-3">
            <h2>Customize app</h2>
            <ul>
                <li><a href="http://go.microsoft.com/fwlink/?LinkID=398600">
Add Controllers and Views</a></li>
                <li><a href="http://go.microsoft.com/fwlink/?LinkID=398602">
Add Data using EntityFramework</a></li>
                <li><a href="http://go.microsoft.com/fwlink/?LinkID=398603">
Add Authentication using Identity</a></li>
                <li><a href="http://go.microsoft.com/fwlink/?LinkID=517848">
Manage client-side packages using Bower/ Gulp</a></li>
            </ul>
        </div>
        <div class="col-md-3">
            <h2>Deploy</h2>
            <ul>
                <li><a href="http://go.microsoft.com/fwlink/?LinkID=517851">
Run your app locally</a></li>
                <li><a href="http://go.microsoft.com/fwlink/?LinkID=517852">
Run your app on .NET Core</a></li>
                <li><a href="http://go.microsoft.com/fwlink/?LinkID=517853">
Run commands in your app</a></li>
                <li><a href="http://go.microsoft.com/fwlink/?LinkID=398609">
Publish to Microsoft Azure Web Apps</a></li>
            </ul>
        </div>
    </div>
```

除了顶部设置页面标题的少量代码，其他都是标准的 HTML。与该视图对应的控制器如程序清单 5-2 所示。

【程序清单 5-2】

```
    public IActionResult Index()
    {
```

```
    return View();
}
```

Index 是 Home 控制器类下的一个方法。当用户从浏览器发出访问请求时，HomeController 的 Index 方法会自动调用 Index 视图。

5.2 理解视图的约定

在 5.1 节中，通过一个简单的例子演示了控制器如何调用视图，并反馈给浏览器。那么，控制器寻找对应视图的规则是什么呢？能否为控制器重新绑定一个新的视图呢？

5.2.1 隐式约定

前面介绍的控制器操作都是简单的调用 return View()来控制视图，没有指定视图的名称，最后，网站自动反馈了与控制器同名的视图。这是什么原因呢？在 ASP.NET MVC 框架下有一些默认的规则或约定，这些约定定义了视图是如何选择的。

当创建新的项目模板时，将会注意到，项目以一种非常具体的方式包含了一个结构化的 Views 目录。

每个控制器在 Views 文件夹中都有一个对应的同名目录（这里的控制器名是去掉 Controller 后缀的名称），每个控制器中包含若干方法，每个方法在 Views 文件夹下的同名控制器目录下都有一个对应的视图文件，扩展名为 cshtml，这是视图与控制器中方法关联的基础。

用户的访问请求格式为：网址/控制器名/方法名/，返回视图的逻辑是在 Views 目录下，查找对应的同控制器名的目录下的同方法名的 cshtml 文件，若找到，则返回该视图。

例如，用户在浏览器中输入：http://192.168.1.2/Home/Index/，网站将返回/Views/Home/Index.cshtml 文件。

5.2.2 重写约定

隐式约定是 ASP.NET 5 设计时默认规定好的，无须额外设置，控制器就按照这种约定返回对应的视图。这种约定能否被修改呢？答案是肯定的，这一约定可以重写，如果控制器不希望返回默认同名视图，就可以按照语法，重新提供另外一个视图。其实现方法是把另外的视图名以字符串格式，作为参数传入 return View()中。

例如，希望 Home 控制器的 Index 方法返回 Second.cshtml 视图，则可以按程序清单 5-3 所示。这样，Index 方法仍然会在 Views/Home 目录下查找视图，但是选择的不是 Index.cshtml，而是 Second.cshtml。

【程序清单 5-3】

```
public IActionResult Index()
{
    return View("Second");
}
```

如果要重新提供的视图在其他目录下，该怎么办呢？通常用完全定位的方式，给出完整相对路径即可，代码如程序清单 5-4 所示。

【程序清单 5-4】

```
public IActionResult Index()
{
    return View("~/Views/Test/Second.cshtml");
}
```

需要说明的是，如果使用完整相对路径提供其他视图，必须提供视图的文件扩展名，以避免采用视图引擎的默认查找机制。

5.3 强类型视图

5.3.1 ViewBag 的不足

在第 4 章中，学习了 ViewBag 的概念和用法，通过 ViewBag 可以向视图传递少量简单的数据。前面演示的例子都非常简单，可以使用 ViewBag 处理数据。但是在实际应用中，大多数情况下，都需要传递各种不同的数据，此时，如果继续使用 ViewBag 就会非常不方便，通常会采用传递数据模型到视图的方式来处理复杂数据，这就需要使用强类型视图。

首先看一个不适合使用 ViewBag 的例子。假设要编写一个显示所有 Student 实例的视图。一种简单的方法就是把 Student 信息添加到 ViewBag 中，然后在视图中迭代显示。

【程序清单 5-5】

```
public class Student
{
     public Student(int nID){
          StuID = nID.ToString();
     }
    public string StuID;
}
```

假设在控制器 Home 中有 List 方法：

```
public ActionResult List()
{
     var studentes = new List<Student>();
     for (int i = 0; I < 5; i++){
          studentes.Add(new Student(i));
     f }
     f ViewBag.Studentes = studentes;
     f return View();
}
```

接下来，在视图中迭代显示所有学生信息：

```
<ul>
```

```
    @foreach (Student stu in (ViewBag.Students as IEnumerable<Student>)){
        <li>@stu.StuID</li>
    }
</ul>
```

这种方式无法使用智能感知功能，也无法利用 dynamic 关键字的简洁语法，且无法进行编译检查。如何克服这些缺点呢？强类型视图可以完美解决这些问题。所谓的强类型视图就是允许设置视图的模型类型，进而可以从控制器直接向视图传递一个完整的数据模型对象，无须通过 ViewBag 完成，该模型可以进行编译检查和智能感知。还是刚才的例子，对控制器 Home 中的 List 方法进行如下修改：

【程序清单 5-6】

```
public ActionResult List()
{
    var studentes = new List<Student>();
    for(int i = 0; I < 5; i++){
        studentes.Add(new Student(i));
    }
    return View(studentes);
}
```

接下来，在视图中使用@using 关键字声明引用模型类，用@model 声明具体使用的模型：

```
@using WebApplication1.Models
@model IEnumerable<Student>
<ul>
    @foreach (Student stu in Model){
        <li>@stu.StuID</li>
    }
</ul>
```

对于在视图中经常要使用的名称空间，可以在 Views 目录下的_ViewImports.cshtml 文件中声明，这样就不用在每个视图中声明引用模型类了。

```
@using WebApplication1.Models
```

5.3.2 理解 ViewBag、ViewData 和 ViewDataDictionary

在前面的例子中，演示了 ViewBag 从控制器向视图传递数据，下面详细了解这些关键字的语法和用途。

在第 4 章学习了 ViewData 的用法，它就像一个动态数组，可以灵活地保存数据，数组中的每个元素无须事先定义，赋值时直接取名即可。例如：

```
ViewData["CurrentTime"] = DataTiem.Now;
```

但是 ASP.NET 5 提供了更简洁的语法，它利用了 C#中的 dynamic 关键字，对 ViewData 进行了动态封装，形成一个新的语法 ViewBag，赋值时直接定义其中的属性即可。例如：

```
ViewBag.CurrentTime = DataTime.Now;
```

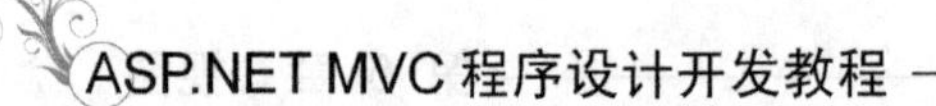

这里，ViewBag.CurrentTime 等同于 ViewData["CurrentTime"]。一般情况下，更多地采用 ViewBag 而不是 ViewData 来处理数据，虽然从技术角度没有太大差异，但是使用 ViewBag 让代码更简洁、易懂。

ViewData 是一个特殊的类，称为字典类（ViewDictionary），可以使用类似于字典的语法来设置或获取其中的数据。

5.4 添加视图

了解了控制器指定视图的基本方法后，下面介绍如何创建视图。创建视图的方法有两种，一种是纯手工创建文件，将其添加到 Views 目录，然后按照视图的格式添加相应的页面代码。另一种方法是在 Visual Studio 中通过可视化添加视图的方式创建视图。

在 Views 目录下与控制器同名的子目录上右击，在弹出的快捷菜单中选择 Add→New Item 命令（见图 5-6），然后在弹出的对话框中选择“MVC View Page”（见图 5-7），为网站程序添加一个视图。如果取名与对应控制器的方法同名，该方法被调用时则会按照隐式约定反馈该视图。

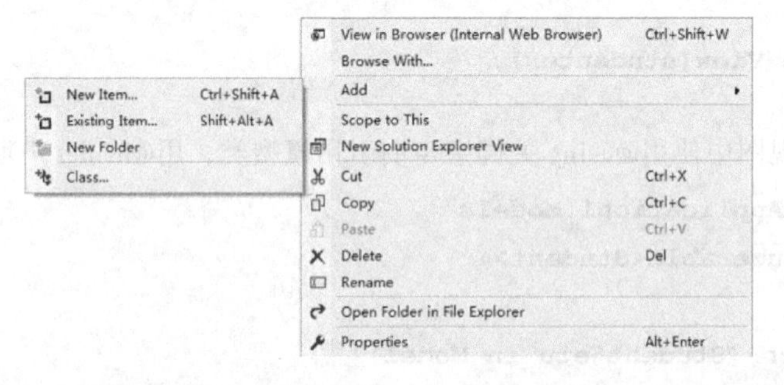

图 5-6 选择择 Add→New Item 命令

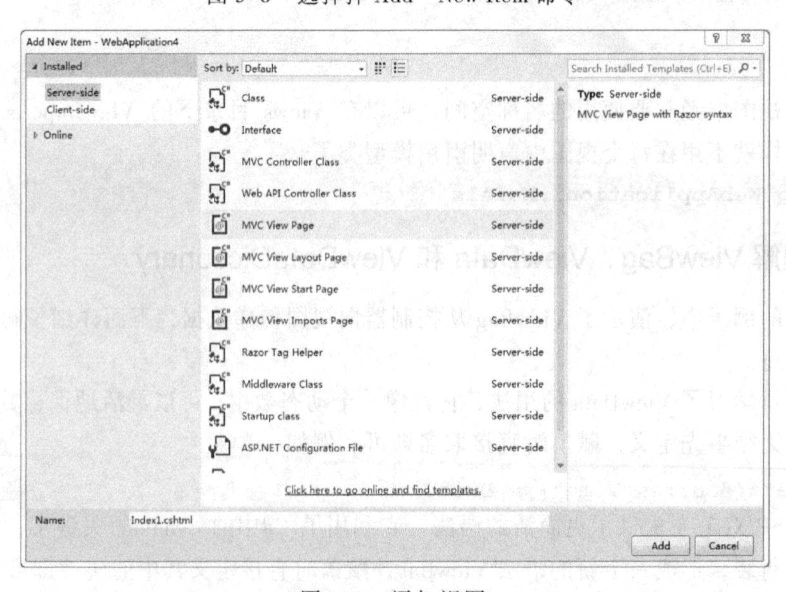

图 5-7 添加视图

5.5 Razor 视图引擎

5.5.1 Razor 的概念

在 ASP.NET 5 中，Razor 是标准视图引擎，为代码和标记之间的转换提供了强大的支持，它为视图的实现提供了必要的语法，并最大限度地减少了额外字符。Razor 的设计理念是简单直观。对于大多数应用，用户不必关心 Razor 语法，只需要在插入代码时输入 HTML 和@符号。

通常将视图中的逻辑量降到最少是一种很好的实践做法，所以即使对于复杂网站，一般来说对 Razor 有基本的理解也就足够了。

5.5.2 代码表达式

Razor 中的核心转换字符是@符号。这个单一字符用做标记-代码的转换字符，优势也反过来用做代码-标记的转换字符。这里共有两种基本类型的转换：代码表达式和代码块。求出表达式的值，然后将值写入到响应中。

例如，学生类如下：

```
public class Student
{
     public Student(int nID){
          StuID = nID.ToString();
     }
    public string StuID;
}
```

在下面的代码段中：

```
<h1>List @stu.StuID </h1>
```

表达式@stu.StuID 是作为隐式代码表达式求解的，然后在输出中显示表达式的值。需要注意的一点是，这里不需要指出代码表达式的结束位置。Razor 十分智能，可以知道表达式后面的空格字符不是一个有效的标识符，所以它可以顺畅地转回到标记语言。

Razor 自动从代码转回标记的能力是其广受欢迎的一个重要原因，同时也因为这种能力可以保持语法简洁干净。在特殊情况下，例如页面上有邮箱地址时，Razor 会自动判断其是否是一个有效的邮箱地址，保证不会转换错误。极端情况下，若邮箱地址无法正确识别，则可以用转义方式来显示，例如可以用两个@@符号转义成一个@符号。

5.5.3 HTML 编码

因为在许多情况下都需要用视图显示用户输入，例如网站评论等，所以总是存在潜在的跨站脚本注入攻击（简称 XSS）。Razor 表达式采用 HTML 自动编码方式则有效缓和了 XSS 的脆弱性。

```
@{
      string message = "<script>alert('hacked');</script>";
```

```
}
<span>@message</span>
```

这段代码运行时不会弹出警告对话框，而是会呈现编码的 HTML：

```
<script>alert('hacked');</script>
```

5.5.4 代码块

Razor 在视图中除了支持代码表达式以外，还支持代码块。回顾前面的视图示例代码，其中有一段：

```
@foreach (Student stu in Model){
    <li>@stu.StuID</li>
}
```

这段代码迭代了一个数组，并为数组中的每一项显示了一个列表项元素。因为 Razor 理解 HTML 标记语言的结构，所以当<li>标签关闭时它也可以自动地转回代码，因此，这里不需要划定右花括号。

代码块除了需要@符号分隔之外还需要使用花括号。下面是一个多行代码块的例子：

```
@{
    string s = "One line of code.";
    ViewBag.Title = "Another line of code.";
}
```

注意：代码块中的语句（比如 foreach 循环和 if 代码块中的语句）是不需要使用花括号的，因为 Razor 引擎可以自动识别这些 C#关键字。

5.5.5 Razor 语法基础

下面通过示例来说明常见的 Razor 语法。

1. 隐式代码表达式

如前所示，代码表达式将被自动读取对应的数值，并呈现在页面中，这就是在视图中显示值的一般原理。

```
<span>@message</span>
```

Razor 中的隐式代码表达式总是采用 HTML 编码方式。

2. 显式代码表达式

代码表达式的值会自动计算出来，并呈现在页面中。

```
<span>1+2=@(1 + 2)</span>
```

3. 无编码代码表达式

有些情况下，需要显式地渲染一些不应该采用 HTML 编码的值，这时可以采用 Html.Raw 方法来保证该值不被编码。

```
<span>@Html.Raw(message)</span>
```

4. 代码块

不像代码表达式先求得表达式的值，然后再输出到页面，代码块是简单地执行代码部分。

这一点对于声明以后要使用到的变量帮助很大。

```
@{
    int x = 123;
    string y = "because.";
}
```

5. 文本和标记相结合

下面的例子显示了在 Razor 中混用文本和标记的概念，具体如下：

```
@foreach (var item in items) {
    <span>Item @item.Name.</span>
}
```

6. 转义代码分隔符

可以用“@@”来编码“@”以达到显示“@”的目的。此外，始终都可以选择使用 HTML 编码来实现。

```
<span>Show @@aspnet</span>
```

7. 服务器端的注释

Razor 为注释一块代码和标记提供了美观的语法。

```
@*
This is a multiline server side comment.
All of this is commented out.
*@
```

5.5.6 布局

Razor 的布局有助于使应用程序中的多个视图保持一致的外观。可以使用布局为网站定义公共模板（或只是其中的一部分）。公共模板包含一个或多个占位符，应用程序中的其他视图为它提供内容。

下面来看一个非常简单的布局。这里称这个布局文件为 SiteLayout.cshtml：

【程序清单 5-7】

```
<!DOCTYPE html>
<html>
<head>
    <title>
     @ViewBag.Title
    </title>
</head>
<body>
  <div id="main-content">@RenderBody()</div>
</body>
</html>
```

它看起来像一个标准的 Razor 视图，但需要注意的是在视图中有一个@RenderBody 调用。

这是一个占位符，用来标记使用这个布局的视图将渲染它们的主要内容的位置。多个 Razor 视图现在可以利用这个布局来显示一致的外观。

下面看一个使用这个布局的例子 Index.cshtml：

```
@{
    Layout = "~/Views/Shared/SiteLayout.cshtml";
    ViewBag.Title = "The Index! ";
}
<p>This is the main content</p>
```

上面的这个视图通过 Layout 属性来指定布局。

5.5.7 ViewStart

在前面的例子中，每一个视图都是使用 Layout 属性来指定它的布局。如果多个视图使用同一个布局，就会产生冗余，并且很难维护。

_ViewStart.cshtml 页面可用来消除这种冗余。这个文件中的代码先于同目录下任何视图代码的执行。这个文件也可以递归地应用到子目录下的任何视图。

当创建一个默认的 ASP.NET 5 项目时，在 Views 目录下会自动添加一个_ViewStart.cshtml 文件，它指定了一个默认布局。

```
@{
    Layout = "~/Views/Shared/_Layout.cshtml";
}
```

因为这个代码先于任何视图运行，所以一个视图可以重写 Layout 属性的默认值，从而重新选择一个不同的布局。如果一组视图拥有共同的设置，那么_ViewStart.cshtml 文件就有了用武之地，因为用户可以在其中对共同的视图配置进行统一设置。

5.6 指定部分视图

在控制器的方法中，除了返回视图之外，还可以通过 PartialView 方法以 PartialViewResult 的形式返回部分视图。例如：

【程序清单 5-8】

```
public class HomeController : Controller {
    public ActionResult Message() {
        ViewBag.Message = "This is a partial view";
        return PartialView();
    }
}
```

在这种情形下，渲染的视图是 Message.cshtml，但是如果布局是_ViewStart.cshtml 页面指定的，将无法渲染布局。

除了不能指定布局之外，部分视图看起来和正常视图没有分别。

5.7 案例：创建登录模块

为 Home 控制器的 Login 操作设计 Login 视图，编写 Login()操作的功能，实现登录验证。

① 为控制器添加 Login()方法。

```
public IActionResult Login()
{
    return View();
}
```

② 在 Views 目录下，Home 子目录中添加 Login.cshtml 视图，如图 5-8 所示。

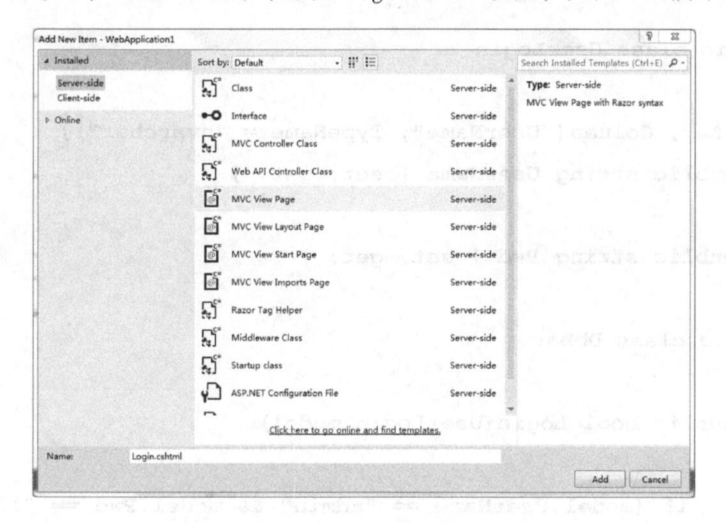

图 5-8 新建视图

③ 在 Models 目录下，添加类文件 UserLogin.cs，并设计 UserLogin 数据模型，如图 5-9 所示。

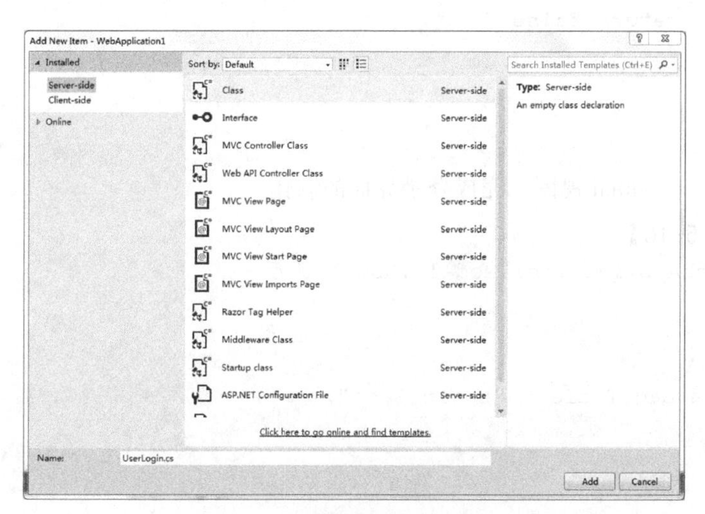

图 5-9 新建模型 UserLogin

【程序清单 5-9】

```
using System;
using System.Collections.Generic;
using System.Linq;
using System.Threading.Tasks;

using System.ComponentModel.DataAnnotations;
using System.ComponentModel.DataAnnotations.Schema;
namespace WebApplication1.Models
{
    public class UserLogin
    {
        [Key, Column("UserName", TypeName = "nvarchar")]
        public string UserName { set; get; }

        public string Pwd { set; get; }
    }
    public class DbBase
    {
        public bool Login(UserLogin model)
        {
            if (model.UserName == "admin" && model.Pwd == "123")
            {
                return true;
            }
            return false;
        }
    }
}
```

④ 设计 Login.cshtml 视图，完成登录界面的制作

【程序清单 5-10】

```
@model WebApplication1.Models.UserLogin


@{
    // ViewBag.Title = "Login Page";
}


<h2>Index  @ViewBag.Error</h2>
@using (Html.BeginForm())
```

```
    {
        @Html.AntiForgeryToken()
        <div style="width:350px;">
            用户: @Html.TextBoxFor(m => m.UserName, new { @style = "width: 200px;
font-size: 20px;" })
        </div>
        <div style="width:350px;">
            密码: @Html.PasswordFor(m => m.Pwd, new { @style = "width: 200px;
font-size: 20px;" })
        </div>
        <div>
            <input type="submit" value="登录" />
        </div>
    }
```

⑤ 在 Home 控制器中添加 Login 响应方法，引用 Models

```
    using WebApplication1.Models;
    [HttpPost]
    public ActionResult Login(UserLogin model)
    {
        DbBase db = new DbBase();
        if (db.Login(model) == true)
        {
            //TempData["user"] = model.UserName;
            return Redirect("/Home/success/");
        }

        ViewBag.Error = "用户名或密码错误！";
        return View(model);
    }

    public IActionResult Success()
    {
        return View();
    }
```

⑥ 添加 Success.cshtml 视图，显示登录成功

```
    @{
        // ViewBag.Title = "Home Page";
    }
    <h1>@ViewBag.Message</h1>
```

⑦ 在Home控制器中添加Success方法，调用Success视图。

```
public IActionResult Success()
{
    ViewBag.Message = "登录成功";
    return View();
}
```

最后运行结果，见图5-1～图5-4。

本章小结

视图引擎的用途非常具体有限，它们的目的是获取从控制器传递给它们的数据，并生成经过格式化的输出，通常是HTML格式。Razor视图引擎简单直观的语法使得编写丰富安全的页面极其容易，而不必考虑编写页面的难易程度。

习　题

操作题

创建一个ASP.NET 5网站，完成登录功能设计，要求：

1. 新建Login视图。
2. Login视图响应登录处理。
3. 在Home控制器中添加Login方法，调用Login视图。
4. 新建Success视图，显示登录成功。
5. 在Home控制器中添加Success方法，调用Success视图。
6. 测试该功能。

第6章 数据验证

学习目标

- 了解数据注入与验证的基本原理
- 了解数据验证的应用领域
- 理解自定义验证的基本概念
- 了解自定义验证逻辑的实现方法

重点难点

- 数据注入与验证的基本概念
- 数据验证的实现
- 自定义数据验证
- 显示和编辑注解

在提交表单数据的时候，需要对数据的合法性进行校验，ASP.NET MVC5 中提供了一种方便的验证方式。本章介绍如何在 Student 模型中添加一些验证规则，同时确认当用户使用此应用程序创建或编辑学生信息时将使用这些验证规则对用户输入的信息进行检查。下面是在模型中添加验证规则的一个项目案例，首先，在 Student 类中追加一些验证规则：

打开 Student.cs 文件，在文件的头部追加一条引用 System.ComponentModel.DataAnnotations 命名空间的 using 语句，代码如下所示：

```
using System.ComponentModel.DataAnnotations;
```

这个 System.ComponentModel.DataAnnotations 命名空间是.NET Framework 中的一个命名空间。它提供了很多内建的验证规则，用户可以对任何类或属性显式指定这些验证规则。

现在让我们来修改 Student 类，增加一些内建的 Required（必须输入），StringLength（输入字符长度）与 Range（输入范围）验证规则，当然，用户也可以自定义验证规则，之后会详细讲解如何创建自定义验证规则。效果如图 6-1 和图 6-2 所示。

stuName
必须输入标题
stuSex
stuBirthdate
stuBirthdate 字段是必需的
stuStudydate
stuStudydate 字段是必需的
stuAddress
stuEmail
必须输入标题
stuPhone
stuIsDel
未设置
stuInputtime

图 6-1　运行效果界面

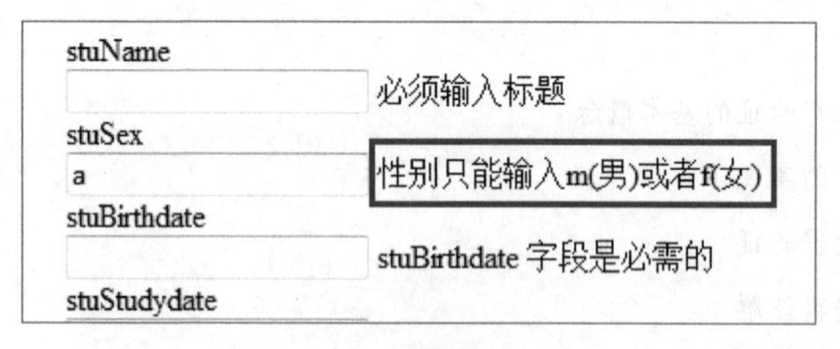

图 6-2　实现效果

6.1　数据验证概述

6.1.1　验证注解

关于 ASP.NET MVC 的验证，用起来很特别，因为 MS 的封装，使人理解起来很费解。在开发时常常需要用于防止漏洞注入、防止网络攻击（XSS 等）、确保数据安全、确保数据合理性、防止垃圾数据等目的的数据验证。但有许多封装的地方，需要掌握其工作原理，下面，详细学习和了解。

数据库还是第 5 章中的数据表，同样的方法来创建 Student 表的实体类，在自动生成的 news 实体类中，有一个特殊的分部方法：

```
partial void OnValidate(System.Data.Linq.ChangeAction action);
```

这个方法没有实现，根据 C#的语法可知，如果分部类中的分部方法没有实现的话，调用和定义的地方都不会起什么作用。现在，需要完善这个方法，让它“起作用”起来。

首先，在 Models 中创建 Student 类的另一部分，代码如下：

```
public partial  class Student
{
```

```
    partial void OnValidate(System.Data.Linq.ChangeAction action)
    {
        if(!IsValid)
         {
            throw new ApplicationException("验证内容项出错! ");
         }
    }
    public bool IsValid
    {
         get { return (GetRuleViolations().Count() == 0); }
    }
    public IEnumerable<RuleViolation> GetRuleViolations()
    {
        if(String.IsNullOrEmpty(this.title .Trim () ))
            yield return new RuleViolation("题目步能为空! ", "题目");
        if(String.IsNullOrEmpty(this.contents .Trim ()))
            yield return new RuleViolation("内容不能为空! ", "内容");
        yield break;
    }
}
/// 规则信息类
public class RuleViolation
{
     public string ErrorMessage { get; private set; }
     public string PropertyName { get; private set; }

     public RuleViolation(string errorMessage)
     {
        ErrorMessage = errorMessage;
     }
    public RuleViolation(string errorMessage, string propertyName)
    {
        ErrorMessage = errorMessage;
        PropertyName = propertyName;
    }
  }
```

在这里给出这么多代码，其实是提前有设计的，因为从业务角度考虑，还不应该写这部分代码。RuleViolation 类很简单，就是一个包括了两个属性的类（这个类的结构设计是根据后面的 ModelState.AddModelError 方法来设计的）。

在 Student 类中，IsValid 属性是 bool 类型的，返回值取决于 GetRuleViolations 方法，这个方法返回值是 IEnumerable 类型的，IEnumerable 是通过 news 的几个属性是否为空来生成迭代的。如果 title 或 contents 为 Null 或"，就返回迭代。其实真正的用户数据的验证就是在这里实现的，用户的数据的对与错，就是一个逻辑，只要用户数据不符合规则，就以 RuleViolation("错误标识","错误提示信息！");错误码提示信息显示到客户端，所以要处理好友好的提示。

现在验证用户数据、生成错误列表的工作都做完了，但关键是怎么能让用户提交数据时，调用 OnValidate。这个问题，先放一下，请记住，上面的代码，只要在用户提交数据时，调用 OnValidate，这样就能得到错误集合。

下面处理 Cotroller 和 View 层，在 Cotroller 层，首先添加 index 这个 Action，代码如下：

```
public ActionResult Index()
{
    var NewsList = DCDC.news.Select(newss=>newss);
    return View(NewsList);
}
```

6.1.2 原理介绍

在 ASP.NET 时代，或者没有使用 MVC 的验证框架，一般是在 BLL 层中进行数据验证，但是 BLL 层的返回值又只能返回一个东西，比如一个字符串，而实际情况中，数据验证是很复杂的。

这时，BLL 层和网站会分离的不彻底，因为很多代码不得不在网站中写。

而在 MVC 的数据验证框架中，甚至可以不用 BLL 层，而在比 BLL 层更底层的 Model 层书写数据验证代码。并且最后能在网页上显示出来。

此框架有个优点，非常灵活，这里用正常的三层架构来书写。因为灵活，可以把数据验证写在任何一层。

- 在 Controller 层中：这是最简单的方法，但不推荐这种方法，因为不能体现分层思想。
- 在 BLL 层中：在对一个数据验证时，需要牵扯别的数据，就应该把验证写在这一层，比如一个 Article Model 的 Category 值是 1，查询这个分类是否存在。
- 在 Model 中：一些底层的标准应该写在这一层，因为这些标准在任何情况下都不能违反，比如账号名长度不能超过 20 个字符。

下面，会分别介绍验证方法。完整地看过 MVC 教程的人应该都知道如何使用 ModelState，其实 MVC 验证框架就是利用它，将验证的结果显示在页面中。例如：

```
[HttpPost] //如果表单中 input 的 name 属性和 Model 的字段一样，那可以直接以 Model
形式传入一个 Action
public ActionResult Exp1(Models.UserModel user){ //判断
    if (user.Name.Length > 20){ //如果错误，调用 ModelState 的 AddModelError
方法，第一个参数需要输入出错的字段名
```

```
            ModelState.AddModelError("Name", "名字不得超过20个字符");
        }
        //判断ModelState中是否有错误
        if (ModelState.IsValid){ //如果没错误，返回首页
            return RedirectToAction("Index");
        }
        else{ //如果有错误，继续输入信息
            return View(user);
        }
    }
```

这里在 Controller 层的一个 Action 中进行了数据验证，并且把结果放入了 ModelState 中，那怎么在前端页面显示呢？

如果不了解 MVC 的验证框架，其实可以直接自动生成，看看标准做法：

- 右击代码，在弹出的快捷菜单中选择 Add View 命令。
- 选择创建强类型 View，并且在内容中选择 Edit。

由于前端的页面 View 是自动生成的，所以有些读者可能没看懂，为什么后端的数据验证信息会显示到前端去呢？

其实关键就是利用了<%= Html.ValidationMessageFor(model => model.Name) %>（除了 ValidationMessage 函数外，还有其他几个函数，可以达到不同的效果，读者可以自行研究，这几个函数都是以 Validation 开头的）。在 Controller 层中验证数据，放入 ModelState（其核心是一个字典）中，然后利用函数读取。这样，就达到了数据验证时前端和后端相结合的效果。

6.2 验证属性的使用

在上面的示例中，使用了 ViewBag 对象把数据从控制器传递给了视图。在本书后续内容中将使用视图模型将数据从一个控制器传递到视图中。用视图模型来传递数据，通常是首选办法。这是一种“M”模型，但不是数据库的那种“M”模型。下面创建一个数据库。首先添加一个模型。

先添加一些用于管理数据库中记录的类。这些类是 ASP.NET MVC 应用程序中的“模型（Model）”。

使用.NET Framework 数据访问技术 Entity Framework 定义和使用这些模型类。Entity Framework（通常称为 EF）是支持代码优先的开发模式。代码优先允许用户通过编写简单的类来创建对象模型。相对于原始的 CLR object，这又称 POCO 类，可以从类创建数据库，这是一个非常干净快速的开发工作流程。

```
public class Movie {
   public int ID { get; set; }
   public  string Title { get; set; }
```

```
    public  DateTime ReleaseDate { get; set; }
    public  string Genre { get; set; }
    public  decimal Price { get; set; }
}
```

使用 Movie 类表示数据库中的电影。Movie 对象的每个实例将对应数据库表的一行，Movie 类的每个属性将对应表的一列。在同一文件中，添加下面的 MovieDBContext 类：

```
public class MovieDBContext : DbContext
{
    public DbSet<Movie> Movies { get; set; }
}
```

MovieDBContext 类代表 Entity Framework 的电影数据库类，这个类负责在数据库中获取、存储、更新、处理 Movie 类的实例。MovieDBContext 继承自 Entity Framework 的 DbContext 基类。

6.2.1 添加验证属性

ASP.NET MVC 和 Web Form 最大的区别就是它们如何跨站请求处理用户的状态信息，特别是 ASP.NET MVC 抛弃了视图状态。为什么要删除这么重要的功能？简单地说就是 ASP.NET MVC 完全拥抱了 Web 标准的无状态的属性。

此外，除了比 ASP 提供了更好的开发平台外，Web Form 框架的另外一个特点就是引入了一种厚重的原生客户端应用开发技巧，比如"拖放控件"以及快速开发 RAD 的概念到 Web 开发中。

为了体验原生客户端应用开发，Web Form 必须在 Web 开发的基础概念（如 HTML 标签）以及 CSS 之上抽象出一层。原生应用程序开发中最重要的概念就是有状态的，这意味着应用知道交互的用户状态，并且可以在跨应用之间重用状态信息。

Web 是基于 HTTP 请求的，每个请求对应一个客户端请求和一个服务器应答。Web 服务器必须分开处理每个请求，因此无法知道客户端请求的前后消息，这就让服务器和客户端无法进行有效会话。

为了在无状态的中介上实现有状态的交互，必须抽象出来一层，这样，视图状态就诞生了。简单地说，视图状态序列化了客户端和服务器端之间的交互状态信息，并把它们存储在每个页面的隐藏域里，随后发送给客户端。客户端需要在后续的请求中把这些会话状态信息传回给服务端。

ASP.NET MVC 框架保留了 Web 无状态的本性，但并没有提供类似视图状态的机制，而是利用了缓存和会话状态。相反，ASP.NET MVC 框架希望客户端请求包含所有需要的数据，以便于服务端处理它们。例如，ASP.NET MVC 应答消息可以使用 Auction 的 ID，而不是从数据库里查询出 Auction 数据后序列化整个对象发送给客户端，并在后续请求里再回传给整个对象。后续请求可以直接使用 Auction 的 ID，ASP.NET MVC 控制器可以使用它从数据库里查询 Auction 数据。

显然，两种方法各有千秋。视图状态让客户端和服务器端的交互更加简单，但是它包含的数据可能会变得臃肿，占用大量的带宽。换句话说，视图状态意味着开发人员可以省去很多麻烦，但会以占用带宽为代价。当然，如果开发人员不考虑每个页面的存储数据，则问题可能会变得更糟。ASP.NET MVC 的方法可以从某种程度上削减页面内容，但是可能增加后台处理请求和数据库请求的成本。

在提交表单数据的时候，我们需要对数据的合法性进行校验，ASP.NET MVC 框架中，提供一种方便的验证方式。接下来，介绍如何在 Movie 类中添加一些验证规则，首先向 Movie 类添加一些验证逻辑。

打开 Movie.cs 文件，更新 Movie 类，以利用内置的 Required、StringLength, RegularExpression 和 Range 验证属性。

```
public class Movie {
    public int ID { get; set; }
    [StringLength(60, MinimumLength = 3)]
    public string Title { get; set; }
    public DateTime ReleaseDate { get; set; }
    [RegularExpression(@"^[A-Z]+[a-zA-Z''-'\s]*$")]
    [Required]
    [StringLength(30)]
    public string Genre { get; set; }
    public decimal Price { get; set; }
}
```

验证属性指明用户想要应用到模型属性的行为。Required 和 MinimumLength 属性指出某一属性不可为空。RegularExpression 属性用来限制哪些字符可以输入。在上面的代码中，流派(Genre)和等级(Rating)只能使用字母(空格、数字和特殊字符是不允许的)。范围(Range)属性约束的值在一个指定范围内。StringLength 属性允许设置一个字符串属性的最大长度，以及最小长度（可选的）。值类型（decimal、int、float、DateTime）若有固有设置，不需要 Required 属性。

6.2.2 常用验证属性

HTML 表单（HTML form）的概念与 Web 一样古老。虽然现在的浏览器已经变得相当强大， 可以随意设置喜欢的 HTML 表单样式，可通过 JavaScript 来控制它们的行为，但是本质上这些操作、显示以及回传到 Web 服务器的元素仍旧是一些朴素的旧的表单域。

虽然 ASP.NET MVC 框架鼓励用户手工编写更多的 HTML 代码，但是它也提供了一系列 HTML 方法帮助用户生成 HTML 标签，比如 Html.TextBox、Html.Password 和 Html.HiddenField 等。ASP.NET MVC 同样也提供了一些更智能的帮助方法，比如 Html.LabelFor 和 Html. EditorFor, 它们可以根据名称和传入的模型属性动态确定合适的 HTML。

这些帮助方法就是用户在网站用来创建 HTML 表单的工具方法。通过这些 HTML 表单方法，用户可以向服务器 AuctionsController.Create 操作回传新创建的交易信息。要了解如何使用这些帮助方法：先添加一个名为 Create.cshtml 视图，然后使用下面的 HTML 标签填充内容。

```
<h2>Create Auction</h2>
```

```
@using (Html.BeginForm()) {
    <p>
       @Html.LabelFor(model =>model.Title)
       @Html.EditorFor(model =>model.Title)
    </p>
    <P>
       @Html.LabelFor(model =>model.Description)
       @Html.EditorFor(model =>model.Description)
    </p>
    <p>
       @Html.LabelFor(model =>model.StartPrice)
       @Html.EditorFor(model =>model.StartPrice)
    </p>
    <p>
       @Html.LabelFor(model =>model.EndTime)
       @Html.EditorFor(model =>model.EndTime)
    </p>
    <P>
       <input type="submit" value="Create" />
    </p>
}
```

接着在控制器中添加下面的操作来显示这个视图：

```
[HttpGet]
public ActionResult Create()
{
    return View();
}
```

这个视图将会渲染下面的 HTML 代码到浏览器中：

```
<h2>Create Auction</h2>
<form action="/auction/create" method="post">
<P>
    <label for="Title">Title</label>
    <input id="Title" name="Title" type="text" value="">
</p>
<P>
    <label for="Description">Description</label>
    <input id="Description" name="Description"  type="text" value="test" />
</p>
<p>
```

```
    <label for="StartPrice">StartPrice</label>
    <input id="Start Price11" name="StartPrice"  type="text" value="test" />
  </p>
  <p>
    <labelfor="EndTime">EndTime</label><input id= "EndTime" name="EndTime"
type=text  value="test" />
  </p>
  <P>
    <input type="submit" value="Create">
  </p>
  </form>
```

6.2.3　自定义错误提示信息及本地化

当在开发中需要进行验证时，如果采用系统自带默认值，在界面上提示的信息有些读起来比较生硬，如图 6.3 所示。

图 6-3　提示效果

在这种情况下就需要用到自定义错误信息。实现起来很简单，就是在 Model 的验证特性中加上[ErrorMessage]。

```
[Required(ErrorMessage = "用户名不能为空! ")]
[Display(Name = "用户名")]
[Remote("CheckUserName","Account")]
public string UserName { get; set; }
```

验证结果如图 6.4 所示。

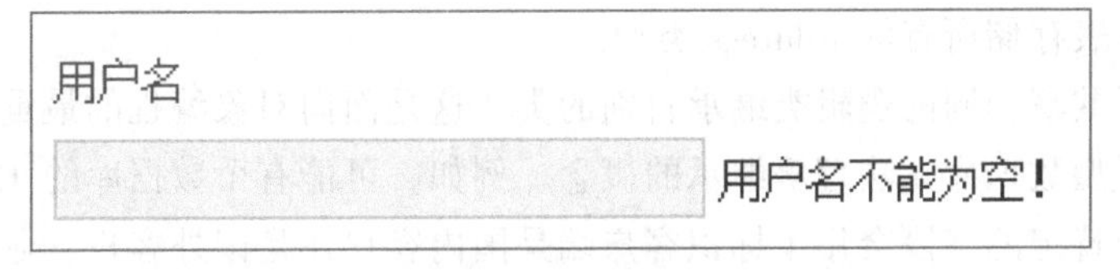

图 6-4　提示效果

ErrorMessage 允许开发者使用{0}占位符来显示字段的显示名（即[Display(Name = "用户名")]），如果没有 Display 特性，那么会显示属性名。

```
[Required(ErrorMessage = "{0}不能为空! ")]
[Display(Name = "用户名")]
[Remote("CheckUserName","Account")]
public string UserName { get; set; }
```

如果你做的项目是要分发到不同的国家或地区，那么就需要做本地化。而对于错误信息而言，也有这样的功能，方法如下：

① 在项目中添加两个资源文件 ErrorMessages.resx 和 ErrorMessages.en-US.resx。

② 在两个资源文件中都加入名称为 UserNameRequire 的资源，值分别为中英文下的提示信息。

③ 在 web.config 的<system.web>结点加入<globalization uiCulture="auto"/>，随着浏览器的设置来更换资源文件。

④ 在 Model 中加入的代码如下：

```
[Required(ErrorMessageResourceType = typeof(ErrorMessages), ErrorMessage
ResourceName = "UserNameRequire")]
[Display(Name = "用户名")]
public string UserName { get; set; }
```

6.3 自定义验证

6.3.1 自定义验证属性

1. 验证关系

对象关系映射器是一种在支持类型（如.NET 类）和关系数据库模型之间进行实体映射的数据访问模式。使用这种模式的主要原因是可以实现在业务模式和数据模型之间解耦。这种分离又称对象关系阻抗失配（object relational impedance mismatch），这是对应用程序业务层和数据访问层无法兼容的一种戏称。很容易就会落入只反映业务层中的关系数据库模型的陷阱。使用这种方法的缺陷是它限制了用户使用.NET 平台全部功能的能力。

以下是对象关系阻抗失配的主要问题。

粒度，有时候模型类会包含比数据库的表更多的类。一个很好的例子就是 Address 类，这是因为现实世界中不同的地址可能关联不同的行为。例如，账单地址不仅仅处理快递地址。尽管用不同的类来表示不同的地址是个不错的主意，但是它们可能包含很多相同的数据，所以，希望用单个表存储所有的 Address 类型。

继承，为了共享相同的逻辑类继承自别的类，这是面向对象编程的最重要特点，即代码重用。通常关系型数据库无法理解继承的概念。例如，可能有个数据库的 Customers 表存储客户数据，有个特定的字段会用于标识客户端是国内客户还是国外客户，业务模型类可能通过基类 Customer 以及几个子类来表示这种关系，比如 DomesticCustomer 和 InternationalCustomer 来表示不同的客户。

标识，关系型数据库依赖单个列作为每条记录的唯一标识（主键）。这经常与.NET 框架的做法冲突。对象相等通常通过对象标识相等（a=b）以及对象相等来判断，而这两种方法都没有单独的属性或者域来作为唯一的标识。

关联，关系型数据库使用主键和外键建立实体之间的关联，而.NET 框架使用单向引用表示对象关联。例如，在关系型数据库中可能跨表查询数据，而.NET 中的关联使用者是一个类。

所以，如果要支持双向关联，就需要复制这种关系。此外，也不可能知道一个类中复杂的多重关系。“一对多”和“多对多”的关系也是无法区分的。

数据导航，.NET 框架访问数据的方式与数据库的完全不同。在.NET 域模型中，需要通过不同的模型对象之间的关联来查询数据，而在数据库中只需要使用精简的 SQL 语句组合 JOIN 或者 SELECT 语句，即可查询出不同的实体。

虽然开发人员可以通过使用模型来执行数据访问操作，比如加载数据和保存数据，但是数据库的重要性和职责仍然是最重要的，仍然应该遵守传统的数据访问层设计原则。每个表应该有单个主键，一对多关系时应该使用外键等，例如，表示教师和学生之间的关系；而多对多关系应该使用第三个表（Class 班级表），因为每个学生和教师都可能有多个班级。

如果想自己重新开发一个全新的 ORM 框架，则显然不太现实，基本上也不太可能完成。幸运的是，可以直接使用很多 ORM 框架，而不需要自己亲自从零开始。微软也提供了两个框架：LINQ to SQL 和 ADO.NET Entity Framework。另外，也有很多第三方商业 ORM 框架或者开源免费的 ORM 框架，比如 Nhibernate。

ADO.NET Entity Framework（简称为 EF）是一个对象/关系映射器，现在已经包含在.NET 框架中。当使用 EF 时，开发人员只需要与实体模型交互，而不需要直接与应用的关系型数据库模型交互。这些抽象是允许开发人员关注业务行为和实体关系，而不是如何存储实体对象到关系数据模型中。为了与实体模型交互，开发人员需要使用 EF 数据上下文来执行查询或持久化模型操作。当调用这些操作时，EF 会生成执行这些操作的必要的 SQL 语句。

在传统数据访问方法向 ORM 方法转换的过程中，最具争议性的话题就是存储过程起什么作用。因为实体模型主要关注何时使用 ORM，所以这就鼓励开发人员使用框架来处理实体映射，而不用考虑编写 SQL 语句。幸运的是，当我们工作的公司或者项目需要使用存储过程时，ADO.NET Entity Framework 刚好也提供了对于调用存储过程的支持。

对矢量图的编辑，就是在修改描述图形形状的属性。

2. 验证属性

Person 对象的 Name、Gender 和 Age 属性均为必需字段，不能为 Null（或者空字符串）。表示性别的 Gender 属性的值必须是“M”（Male）或者“F”（Female），其余的均为无效值。

Age 属性表示的年龄必须在 18 到 25 周岁之间。如下所示的是 Action 方法 Index 对应 View 的定义，这是一个 Model 类型为 Person 的强类型 View，它包含一个用于编辑人员信息的表单。用户直接调用 HtmlHelper 的扩展方法 EditorForModel 将作为 Model 的 Person 对象以编辑模式呈现在表单之中。

```
@model Person @using (Html.BeginForm()) { @Html.EditorForModel() }
```

直接运行该程序后，一个用于编辑人员基本信息的页面会被呈现出来，如果用户输入不合法的数据并提交后，相应的验证信息会呈现出来。

6.3.2 IValidatableObject

1. 存储可用性

除了 HttpApplicationState 外，还有一种验证模型的各个属性之间的逻辑关系的方法，就是使用 System.Web.Cache 对象。可以通过 HttpContext.Cache 属性来访问这个对象。

System.Web.Cache 与 HttpContext.Items 和 HttpSessionState 一样，也是个键/值集合，但是，存储的数据不好限制在单个请求或者用户会话范围内。事实上，HttpContext.Cache 与 HttpApplicationState 很像，除了后者可以跨工作进程访问以外，它还删除了 HttpApplication State 一些固有缺点，因此它是一种不错的选择。

ASP.NET 会自动管理缓存数据的清理工作，它会通知应用程序何时删除数据，所以可以再次填充数据。当下列情况发生时，ASP.NET 就会删除缓存数据：

- 缓存数据失效；
- 缓存依赖项目失效；
- 服务器内存资源耗尽。

如果需要人为控制缓存的生命周期，则需要设置过期策略，它定义了如何以及何时让缓存的对象过期。向 Cache 对象添加数据时，就可以指定数据的有效时间。这个生命周期可以通过以下两种方式指定。

悄悄过期，用于指定缓存数据在最后一次访问之后多长时间过期。例如，当设置这个时间为 20 min 时，如果该缓存数据每分钟不停地被访问，那么这个数据就会无限期待在缓存里（假设缓存数据没有任何依赖，而且服务器内存资源充足）。如果应用程序最后一次访问该缓存数据超过了 20 min，那么这个数据就会失效。

绝对过期，用于指定缓存数据失效的具体时间。与上一种方式不同的是，这种指定的是失效的时间点，不在乎访问次数。例如，如果指定某个缓存数据的失效时间是 10:20:00 PM，那么在 10:20:00 PM 之后，该缓存数据一定失效，无法访问。

针对一个缓存数据只能使用一种过期策略，不能够同时指定两种过期策略。但是，可以针对不同的缓存数据使用不同的失效策略。

2. Validatable 对象

ASP.NET MVC 采用 Model 绑定为目标 Action 生成了相应的参数列表，但是在真正执行目标 Action 方法之前，还需要对绑定的参数实施验证以确保其有效性，一般将针对参数的验证称为 Model 绑定。总得来说，用户可以采用 4 种不同的编程模式针对绑定参数进行验证。

（1）手工验证绑定的参数

在定义具体 Action 方法的时候，对已经成功绑定的参数实施手工验证无疑是一种最为直接的编程方式。下面通过一个简单的实例演示如何将参数验证逻辑实现在对应的 Action 方法中，并在没有通过验证的情况下将错误信息响应给客户端。在一个 ASP.NET MVC 应用中定义了如下一个 Person 类作为被验证的数据类型，它的 Name、Gender 和 Age 三个属性分别表示一个人的姓名、性别和年龄。

```
public class Person
{
    [DisplayName("姓名")]
    public string Name { get; set; }
    [DisplayName("性别")] public string Gender { get; set; }
    [DisplayName("年龄")] public int Age { get; set; }
}
```

接着定义一个 HomeController。在针对 GET 请求的 Action 方法 Index 中，创建一个 Person 对象并将其作为 Model 呈现在对应的 View 中。另一个支持 POST 请求的 Index 方法具有一个 Person 类型的参数，在该 Action 方法中先调用 Validate 方法对这个输入参数实施验证。如果验证成功（ModeState.IsValid 属性返回 True），返回一个内容为“输入数据通过验证”的 ContentResult，否则将此参数作为 Model 呈现在对应的 View 中。

```
public class HomeController : Controller
{
    [HttpGet]
    public ActionResult Index() { return View(new Person()); }
    [HttpPost]
    public ActionResult Index(Person person)
    {
        Validate(person);
        if(!ModelState.IsValid) { return View(person); }
        else { return Content("输入数据通过验证"); }
    }
    private void Validate(Person person)
    {
        if(string.IsNullOrEmpty(person.Name))
        {
             ModelState.AddModelError("Name", "'Name'是必需字段");
        }
        if(string.IsNullOrEmpty(person.Gender)) {
        ModelState.AddModelError("Gender", "'Gender'是必需字段");
    }
    else if (!new string[] { "M", "F" }.Any( g => string.Compare
(person.Gender, g, true) == 0))
    { ModelState.AddModelError("Gender", "有效'Gender'必须是'M','F'之一
"); }
    if (null == person.Age) { ModelState.AddModelError("Age", "'Age'是
必需字段"); }
    else if (person.Age > 25 || person.Age < 18)
    {
        ModelState.AddModelError("Age", "有效'Age'必须在18到25周岁之间");
    }
  }
}
```

如上面的代码片断所示，在 Validate 方法中对作为参数的 Person 对象的 3 个属性进行逐条验证，如果提供的数据没有通过验证，调用当前 ModelState 的 AddModelError 方法将指定的验证错误消息转换为 ModelError 保存起来。

（2）使用 ValidationAttribute 特性

将针对输入参数的验证逻辑和业务逻辑定义在 Action 方法中并不是一种值得推荐的编程方式。在大部分情况下，同一个数据类型在不同的应用场景中具有相同的验证规则，如果用户能将验证规则与数据类型关联在一起，让框架本身实施数据验证，那么最终的开发者就可以将关注点更多地放在业务逻辑的实现上面。实际上这也是 ASP.NET MVC 的 Model 验证系统默认支持的编程方式。当用户定义数据类型时，可以在类型及其数据成员上面应用相应的 ValidationAttribute 特性定义默认采用的验证规则。

命名空间 System.ComponentModel.DataAnnotations 定义了一系列具体的 ValidationAttribute 特性类型，它们大都可以直接应用在自定义数据类型的某个属性上对目标数据成员实施验证。

常规验证可以通过上面列出的这些预定义 ValidationAttribute 特性完成，但是在很多情况下需要通过创建自定义的 ValidationAttribute 特性解决一些特殊的验证。比如上面演示实例中针对 Person 对象的验证中，要求 Gender 属性指定的表示性别的值必须是“M/m”和“F/f”两者之一，这样的验证就不得不通过自定义的 ValidationAttribute 特性来实现。

针对“某个值必须在指定的范围内”这样的验证规则，定义一个 DomainAttribute 特性。如下面的代码片断所示，DomainAttribute 具有一个 IEnumerable 类型的只读属性 Values 提供了一个有效值列表，该列表在构造函数中被初始化。具体的验证实现在重写的 IsValid 方法中，如果被验证的值在这个列表中，则视为验证成功并返回 True。为了提供一个友好的错误消息，重写方法 FormatErrorMessage：

```
    [AttributeUsage(AttributeTargets.Property|AttributeTargets.Field,
AllowMultiple = false)]
    public class DomainAttribute : ValidationAttribute {
        public IEnumerable Values { get; private set; }
        public DomainAttribute(string value) {
          this.Values = new string[] { value };
        }
        public DomainAttribute(params string[] values) { this.Values = values; }
        public override bool IsValid(object value)
        {
          if (null == value) { return true; }
          return this.Values.Any(item => value.ToString() == item);
        }
        public override string FormatErrorMessage(string name)
        {
          string[] values = this.Values.Select(value => string.Format ("'{0}'",
value)).ToArray();
          return string.Format(base.ErrorMessageString, name,string. Join(",",
values));
        }
    }
```

由于 ASP.NET MVC 在进行参数绑定时会自动提取应用在目标参数类型或者数据成员上的 ValidationAttribute 特性，并利用它们对提供的数据实施验证，所以用户不再需要像上面演示的实例一样自行在 Action 方法中实施验证，而只需要在定义参数类型 Person 时应用相应的 ValidationAttribute 特性将采用的验证规则与对应的数据成员相关联。

如下所示的属性成员应用了 ValidationAttribute 特性的 Person 类型的定义。在三个属性上均应用了 RequiredAttribute 特性将它们定义成必需的数据成员，Gender 和 Age 属性上则分别应用了 DomainAttribute 和 RangeAttribute 特性对有效属性值的范围作了相应限制。

```
public class Person {
    [DisplayName("姓名")]
    [Required(ErrorMessageResourceName = "Required", ErrorMessageResource
Type = typeof(Resources))]
    public string Name { get; set; }
    [DisplayName("性别")]
    [Required(ErrorMessageResourceName = "Required", ErrorMessageResource
Type = typeof(Resources))]
    [Domain("M",  "F",  "m",  "f",  ErrorMessageResourceName  =  "Domain",
ErrorMessageResourceType = typeof(Resources))]
    public string Gender { get; set; }
    [DisplayName("年龄")]
    [Required(ErrorMessageResourceName = "Required", ErrorMessageResource
Type = typeof(Resources))]
    [Range(18, 25, ErrorMessageResourceName = "Range", ErrorMessageResource
Type = typeof(Resources))]
    public int Age { get; set; }
}
```

三个 ValidationAttribute 特性采用的错误消息均定义在项目默认的资源文件中（创建此资源文件的步骤：右击 Solution Explorer 中的项目，在弹出的快捷菜单中选择“属性”命令，弹出“项目属性”对话框，选择“资源”选项卡，单击其中的超链接创建资源文件）。

由于 ASP.NET MVC 会自动提取应用在绑定参数类型上的 ValidationAttribute 特性对绑定的参数实施自动化验证，所以根本不需要在具体的 Action 方法中对参数进行手工验证。如下面的代码片断所示，在 Action 方法 Index 中不再显式调用 Validate 方法，但是运行该程序并在输入不合法数据的情况下提交表单后依然会得到验证结果。

```
public class HomeController : Controller {
    //其他成员
    [HttpPost]
    public ActionResult Index(Person person)
    {
        if(!ModelState.IsValid)
```

```
        { return View(person); }
        else { return Content("输入数据通过验证"); }
    }
}
```

（3）让数据类型实现 IValidatableObject 接口

除了将验证规则通过 ValidationAttribute 特性直接定义在数据类型上并让 ASP.NET MVC 在进行参数绑定过程中验证参数之外，还可以将验证操作直接定义在数据类型中。将验证操作直接在数据类型上实现，意味着对应的数据对象具有“自我验证”的能力，姑且将这些数据类型称为“自我验证类型”。这些自我验证类型是实现了具有如下定义的接口 IValidatableObject，该接口定义在 System.ComponentModel.DataAnnotations 命名空间下。

```
public interface IValidatableObject
{ IEnumerable Validate( ValidationContext validationContext); }
```

如上面的代码片断所示，IValidatableObject 接口具有唯一的方法 Validate，针对自身的验证就实现在该方法中。对于上面演示实例中定义的数据类型 Person，可以按照如下的形式将它定义成自我验证类型。

```
public class Person: IValidatableObject {
    [DisplayName("姓名")]
    public string Name { get; set; }
    [DisplayName("性别")]
      public string Gender { get; set; }
      [DisplayName("年龄")]
      public int Age { get; set; }
      public IEnumerable Validate( ValidationContext validationContext)
      {
            Person person = validationContext.ObjectInstance as Person;
            if (null == person) {
                   break;
            }
            if(string.IsNullOrEmpty(person.Name))
            {
                   return new ValidationResult("'Name'是必需字段",
new string[]{"Name"});
            }
            if (string.IsNullOrEmpty(person.Gender))
            {
                   return new ValidationResult("'Gender'是必需字段",
new string[] { "Gender" });
            }
            else if (!new string[]{"M","F"}.Any( g=>string.Compare(person.
```

```
Gender,g, true) == 0))
            {
                return new ValidationResult("有效'Gender'必须是'M','F'之一",
new string[] { "Gender" });
            }
            if (null == person.Age) {
                return new ValidationResult("'Age'是必需字段", new string[]
{ "Age" });
            }
            else if (person.Age > 25 || person.Age < 18) {
                return new ValidationResult("'Age'必须在 18 到 25 周岁之间",
new string[] { "Age" });
           }
        }
    }
```

如上面的代码片断所示，Person 类型实现了 IValidatableObject 接口。在实现的 Validate 方法中，从验证上下文中获取被验证的 Person 对象，并对其属性成员逐个进行验证。如果数据成员没有通过验证，通过 ValidationResult 对象封装错误消息和数据成员名称（属性名），该方法最终返回一个元素类型为 ValidationResult 的集合。在不对其他代码作任何改动的情况下，直接运行该程序并在输入不合法数据的情况下提交表单后依然会得到输出结果。

（4）让数据类型实现 IDataErrorInfo 接口

上面让数据类型实现 IValidatableObject 接口并将具体的验证逻辑定义在实现的 Validate 方法中，这样的类型能够被 ASP.NET MVC 所识别，后者会自动调用该方法对绑定的数据对象实施验证。如果让数据类型实现 IDataErrorInfo 接口也能实现类似的自动化验证效果。

IDataErrorInfo 接口定义在 System.ComponentModel 命名空间下，它提供了一种标准的错误信息定制方式。如下面的代码片段所示，IDataErrorInfo 具有两个成员，只读属性 Error 用于获取基于自身的错误消息，而只读索引用于返回指定数据成员的错误消息。

```
    public interface IDataErrorInfo { string Error { get; } string this[string
columnName] { get; } }
```

同样是针对上面演示的实例，对需要被验证的数据类型 Person 进行重新定义。如下面的代码片断所示，Person 实现了 IDataErrorInfo 接口。在实现的索引中，将索引参数 columnName 视为属性名称，根据它按照上面的规则对相应的属性成员实施验证，并在验证失败的情况下返回相应的错误消息。在不对其他代码作任何改动的情况下，直接运行该程序并在输入不合法数据的情况下提交表单后依然会得到验证结果。

```
    public class Person : IDataErrorInfo {
        [DisplayName("姓名")]
        public string Name { get; set; }
        [DisplayName("性别")]
```

```
        public string Gender { get; set; }
        [DisplayName("年龄")]
        public int Age { get; set; }
        [ScaffoldColumn(false)]
        public string Error { get; private set; }
        public string this[string columnName] {
            get {
                switch (columnName) {
                case "Name": {
                    if(string.IsNullOrEmpty(this.Name)) { return "'姓名'是必需字段"; }
                    return null;
                }
                case "Gender": {
                    if (string.IsNullOrEmpty(this.Gender)) { return "'性别'是必需字段"; }
                    else if (!new string[] { "M", "F" }.Any( g => string.Compare(this.Gender, g, true) == 0))
                    { return "'性别'必须是'M','F'之一"; }
                    return null;
                }
                case "Age": {
                    if (null == this.Age) { return "'年龄'是必需字段"; }
                    else if (this.Age > 25 || this.Age < 18) { return "'年龄'必须在18到25周岁之间"; }
                    return null;
                }
                default: return null;
                }
            }
        }
    }
```

本章小结

本章主要展示如何实现对数据进行验证，由于MVC中主要通过Model实现数据的传递，所以主要也就是对Model进行相应的属性有效性验证。详述了自定义验证逻辑的实现方法。所有这些技术的关键在于按照相应的开发规则进行。

习 题

一、简答题

1. 简述 ASP.NET MVC 下的数据验证原理。
2. 简述 ASP.NET MVC 下自定义验证逻辑的实现方法。

二、操作题

运用数据验证的基本原理，实现登录模块的数据有效性验证，要求：

1. 新建视图。
2. 设计并完成登录模块。
3. 设计完成数据验证类。
4. 将数据验证类应用于登录过程中。
5. 测试该程序。

第7章 网址路由

学习目标

- 了解网址路由的基本原理
- 了解路由的命名与定义
- 掌握路由常见用法
- 了解自定义路由的实现方法

重点难点

- 路由的基本概念
- 路由的实现
- 路由常见用法
- 自定义路由的实现

当创建一个电子商务网站时，常常会遇到类似如表 7-1 所示的 URL 链接。

表 7-1 URL 链接表

URL 格式	行　为	URL 例子
/Products/Categories	浏览所有的产品分类	/Products/Categories
/Products/List/Category	列出一个分类中的产品	/Products/List/Beverages
/Products/Detail/Product/D	显示一个特定产品的细节	/Products/Detail/34

如果无法在 MVC 中正确地使用 URL 路由，其结果就可能如图 7-1 所示，出现错误。

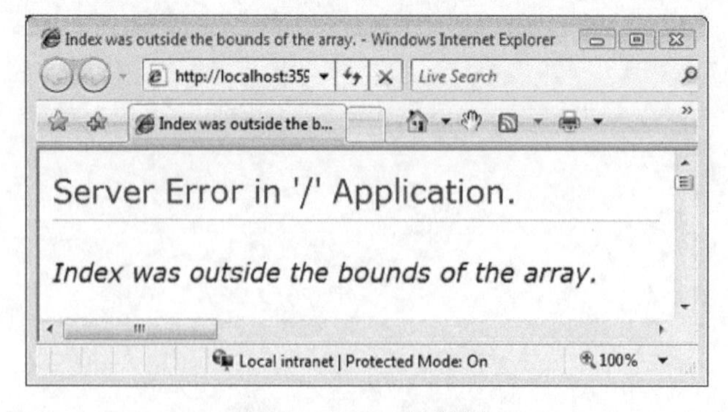

图 7-1　URL 错误图

作为一个从 ASP.NET 转入到 ASP.NET MVC 的开发人员而言，可能在开发 ASP.NET 网站的时候就已经开始使用路由了。只不过在 ASP.NET MVC 中路由是关键部分，而在 ASP.NET 中需要自行加进去。下面学习 ASP.NET MVC 中的路由系统。

7.1 网址路由概述

7.1.1 路由比对与 URL 重写

打开 App_Start 下的 RouteConfig.cs 文件可以看到如下代码：

【代码清单 7-1】

```
using System;
using System.Collections.Generic;
using System.Linq;
using System.Web;
using System.Web.Mvc;
using System.Web.Routing;

namespace MvcSampleApplication
{
    public class RouteConfig
    {
        public static void RegisterRoutes(RouteCollection routes)
        {
            routes.IgnoreRoute("{resource}.axd/{*pathInfo}");

            routes.MapRoute(
            name: "Default",
            url: "{controller}/{action}/{id}",
            defaults: new { controller = "Home", action = "Index",
id = UrlParameter.Optional }
            );
        }
    }
}
```

这个类就是系统默认注册 MVC 路由的地方，通过 RouteCollection 的 MapRoute 方法即可注册路由，其中各个参数的说明如下：

name：表示路由的名称，这个对程序没有影响，相当于给自己看的一个标识，只要唯一即可。

url：表示请求的路径，这是一个格式，最终在浏览器中显示的样子由此参数控制。

defaults：这是个对象，{}中为参数，其中{}表示匹配的意思，可以在 Default Object 中找到对应的参数，上面的格式就是在 Home 控制器 Index 方法中传入 id 参数，因此必须保证在项目的 Controllers 文件夹中有 HomeController 对象，对象中必须有 Index 方法。

RegisterRoutes 方法通过 global.asax.cs 文件进行调用，当启用应用程序时，通过底层 ASP.NET 平台进行调用，将调用 RouteConfig.RegisterRoutes，该方法的参数是静态 RouteTable.Route 属性的值，它是 RouteCollection 类的一个实例。

首先要理解路由的含义，MVC 应用程序使用 ASP.NET 路由系统，它决定 URL 如何映射到控制器和操作。当 Visual Studio 创建 MVC 项目时，它会添加一些默认路由来启动。运行应用程序时，用户将看到 Visual Studio 已将浏览器定向到端口 56922。可以肯定的是，每次在浏览器请求的 URL 中看到不同的端口号，因为 Visual Studio 在创建项目时会分配一个随机端口。

在第 6 章中，添加了一个控制器：HomeController，所以也可以请求任何下面的 URL，它们将被定向到 HomeController 上的 Index 操作。如下都是有效的 URL：

```
http:// localhost:2392/Home/
```

或者

```
http:// localhost:2392/Home/Index
```

当浏览器请求 http://mysite/或 http://mysite/Home 时，它会从 HomeController 的 Index 方法获取输出。也可以通过更改浏览器中的 URL 来尝试此操作。在这个例子中，是 http://localhost:2392/，除了端口可能不同。

如果将/Home 或/Home/Index 追加到 URL 并按【Enter】键，将看到与 MVC 应用程序输出相同的结果。

7.1.2 定义路由

一般情况下，用户会在 URL 中多添加一个花括号，这么做是好的，但是这些花括号捕捉到的值到哪里去了？如果你精通 ASP.NET，在控制器中打上 RouteData 就可以获取到这些值，但是这不是我们想要的结果，下面进行更深入的学习。

必须输入 http://localhost:2392/Home/Index/1 路径才能看到页面，最后的 1 就被{id}捕获到了，并同时存放在 RouteData 中。这里可以通过其他方式获取 url 中所有捕获到的值。

基本的路由规则是从特殊到一般排列，也就是最特殊（非主流）的规则在最前面，最一般的规则排在最后。这是因为匹配路由规则也是照着这个顺序的。如果写反了，即便路由规则写对了，依然会提示 404 错误。

1. URL 的构造

（1）命名参数规范+匿名对象。

```
routes.MapRoute(name: "Default",url: "{controller}/{action}/{id}", defaults: new { controller = "Home", action = "Index", id = UrlParameter.Optional } );
```

（2）构造路由后添加。

```
Route myRoute = new Route("{controller}/{action}", new MvcRouteHandler());
routes.Add("MyRoute", myRoute);
```

（3）直接方法重载+匿名对象。

```
routes.MapRoute("ShopSchema", "Shop/{action}", new { controller = "Home" });
```

这三种构造方式中，第一种比较易懂，第二种方便调试，第三种写起来效率较高。

2. **路由规则**

（1）默认路由（MVC 自带）。

```
routes.MapRoute(
"Default", // 路由名称
"{controller}/{action}/{id}", // 带有参数的 URL
new { controller = "Home", action = "Index", id = UrlParameter.Optional }
```

（2）静态 URL 段。

```
routes.MapRoute("ShopSchema2", "Shop/OldAction", new { controller = "Home",
action = "Index" });
routes.MapRoute("ShopSchema", "Shop/{action}", new { controller = "Home" });
routes.MapRoute("ShopSchema2", "Shop/OldAction.js",
new { controller = "Home", action = "Index" });
```

例如，按上述格式访问 http://localhost:XXX/Shop/OldAction.js，response 也是完全没问题的。controller、action 和 area 三个保留字不能设在静态变量中。

（3）自定义常规变量 URL 段。

```
routes.MapRoute("MyRoute2", "{controller}/{action}/{id}", new { controller=
"Home", action = "Index", id = "DefaultId" });
```

在这种情况下，如果访问 /Home/Index 的话，因为第三段（id）没有值，根据路由规则这个参数会被设为 DefaultId

用 ViewBag 给 Title 赋值就能很明显看出。

```
ViewBag.Title = RouteData.Values["id"];
```

注意：要在控制器里面赋值，如果在视图中赋值无法编译。

7.1.3　路由命名

首先看一下命名路由和没有命名的差别。

命名路由：

```
routes.MapRoute(
    name: "Test", // Route name
    url: "code/p/{action}/{id}", // URL with parameters
    defaults: new { controller = "Section", action = "Index", id =
UrlParameter.Optional } // Parameter defaults
);
```

默认路由：

```
routes.MapRoute(
    Default", // Route name
    "{controller}/{action}/{id}", // URL with parameters
    new { controller = "Home", action = "Index", id = UrlParameter. Optional }
// Parameter defaults
```

ASP.NET 中的路由机制没有要求路由具有名称，而且大多数情况下没有名称的路由也能满足大多数应用场合。通常情况下，为了生成一个 URL（统一资源定位符），只需要抓取事先已经定义好的路由值，并把它们交给路由引擎，剩下的就由路由引擎来处理，正如下面要介绍的，在有些情况下，使用这种方法在选择生成 URL 的路由时可能产生二义性。但给路由命名却可以解决这个问题。

下面注册两个路由：

```
routes.MapRoute(
    name: "Test", // Route name
    url: "code/p/{action}/{id}", // URL with parameters
    defaults: new { controller = "Section", action = "Index", id =
UrlParameter.Optional }
);
routes.MapRoute(
    name:"Default", // Route name
    url:"{controller}/{action}/{id}", // URL with parameters
    defaults:new { controller = "Home", action = "Index", id =
UrlParameter.Optional }
);
```

为了在视图中生成一个指向每个路由的超链接，在 Home 下面的 Index 页面上加入下面代码：

```
@Html.RouteLink("Test",new{controller="Section",action="Index",id=123})
@Html.RouteLink("Default",new{controller="Home",action="Index",id=123})
```

注意：上面两个方法并不能确定使用哪个路由生成 URL，它们只提供了一些路由值，正如所期望的，第一个方法生成指向 /code/p/Index/123 的 URL，第二个方法生成指向 /Home/Index/123 的 URL。

对于上面的这些实例而言，生成 URL 非常简单，但是有些情形还是会令用户头疼。

为了使/aspx/Page.aspx/页面处理/static/url，在路由列表的开始部分加入如下页面路由。

```
routes.MapPageRoute(
    "new",
    "static/url",
    "~/aspx/SomePage.aspx"
);
```

注意：在实验中不能将这个路由放在路由列表的末尾，否则它不能匹配传入的请求，用户就看不到自己想要的效果。为什么会这样呢？因为默认路由会在它之前与前面的那两个路由匹配，因此要把该路由放到路由列表的开始部分。

那么将上面的路由放到路由列表的开始位置会有什么变化呢？对于传入的请求而言，该路由只能匹配 URL 为/static/url 的请求，而不匹配任何其他的请求，这也正是我们想要的。单击上面两个超链接，返回的 URL 都是不可用的：

```
/static/url?controller=Section&action=Index&id=123
/static/url?controller=Home&action=Index&id=123
```

通常情况下，当使用路由机制生成 URL 时，提供的路由值被用来填充 URL 参数，但是上面这个路由根本没有 URL 参数("/static/url")，因此它可以匹配每一个可能生成的 URL，也就是上面两个链接都匹配了这个路由，所以生成了没有用的 URL。

这时可以指定路由名称，不仅可以避免二义性，在某种程度上甚至提高了性能，因为路由引擎可以直接定位到指定的路由，并尝试用它来生成 URL。

在前面的实例中，生成了两个链接，下面对其做些修改，就可以看到命名路由的优点了（下面的代码使用了命名参数）：

```
@Html.RouteLink(
    linkText:"route:test",
    routeName:"test",
    routeValues:new{controller="section",action="index",id=123})
@Html.RouteLink(
    linkText:"Default",
    routeName:"Default",
    routeValues:new {controller="Home",action="index",id=123})
```

这样就可以正确找到路由了。

7.1.4 路由常见用法

路由的主要责任是将来自浏览器的请求映射到 MVC 的 controller action。路由主要体现在两部分：路由注册和请求映射。

1. 路由注册

路由注册比较简单，就是向路由表（RouteCollection）中添加路由：

【代码清单 7-2】

```
public static void RegisterRoutes(RouteCollection routes)
{
    routes.IgnoreRoute("{resource}.axd/{*pathInfo}");
    routes.MapRoute(
        name: "Default",
        url: "{controller}/{action}/{id}",
        defaults: new { controller = "Home", action = "Index", id = 
UrlParameter.Optional }
    );
}
```

2. 请求映射

在 ASP.NET MVC 中，请求映射是通过自定义 IHttpModule 来实现的：

【代码清单 7-3】

```
HttpContextWrapper httpContext = new HttpContextWrapper(HttpContext.
Current);
RouteData routeData = routes.GetRouteData(httpContext);
if (routeData == null)
{
  return;
}
RequestContext context = new RequestContext() { HttpContext = httpContext,
RouteData = routeData };
IHttpHandler handler = routeData.RouteHandler.GetHttpHandler(context);
httpContext.RemapHandler(handler);
```

路由表映射后返回的 RouteData 包含了 Controller、Action 等相关信息。然后将这些信息包装起来，交给 HttpHandler 进行处理。

7.1.5 路由调试

在 ASP.NET MVC 程序中，路由（Route）是一个非常核心的概念，可以说是 MVC 程序的入口，因为每个 Http 请求都要经过路由计算，然后匹配到相应的 Controller 和 Action。通常的路由都会注册在 Global.asax.cs 文件的 RegisterRoutes 方法中，路由会从上往下依次匹配，因此自定义的（优先级高）的路由需要放在默认（通用）路由的前面。但是，如何确保所有的路由都是正确的，或者是没有重复的呢？RouteDebugger 就是这样一个分析工具。

可以使用 NuGet 很方便地安装 RouteDebugger，右击项目，在弹出的快捷菜单中选择 Manage NuGet Packages→Online 命令，输入 RouteDebugger 后单击 Install 按钮，或者在 Package Manager Console 中输入 Install-Package routedebugger 安装即可。

成功安装后，可以看到项目引用了 RouteDebugger，按【F5】键运行程序即可看到效果。甚至都不需要配置任何代码。这是因为.NET 4.6 新增的程序集 Microsoft.Web.Infrastructure 允许动态注册 HttpModule，RouteDebugger 将格式化的路由调试信息追加（append）到每个 request 中。对于.NET 3.5 和 MVC 3 之前的项目，如果要使用 RouteDebugger，还需要在 Application_Start 中注册：

```
protected void Application_Start(object sender, EventArgs e)
{
  RegisterRoutes(RouteTable.Routes);
  RouteDebug.RouteDebugger.RewriteRoutesForTesting(RouteTable.Routes);
}
```

7.2 自定义路由

对于简单的 ASP.NET MVC 应用程序，默认的路由表已经可以很好地完成工作。然而，某些情况下会存在特定的路由需求，此时可以创建一个自定义路由。

例如：创建博客应用程序时可能想按如下方式处理即将到来的请求。

```
/Archive/07-25-2018
```

当用户输入这一请求，想要返回对应于日期 07/25/2018 的博客条目。为了处理这种类型的请求，需要创建一个自定义路由。

代码清单 7-4 中的 Global.asax 包含了一个新的自定义路由，命名为了 Blog，它处理了类似/Archive/条目日期的请求。

【代码清单 7-4】

```
using System.Web.Mvc;
using System.Web.Routing;

namespace MvcApplication1
{
    public class MvcApplication : System.Web.HttpApplication
    {
        public static void RegisterRoutes(RouteCollection routes)
        {
            routes.IgnoreRoute("{resource}.axd/{*pathInfo}");
            routes.MapRoute(
                "Blog",
                "Archive/{entryDate}",
                new { controller = "Archive", action = "Entry" }
            );
            routes.MapRoute(
                "Default",
                "{controller}/{action}/{id}",
                new { controller = "Home", action = "Index", id = "" }
            );
        }

        protected void Application_Start()
        {
            RegisterRoutes(RouteTable.Routes);
        }
    }
}
```

添加到路由表中的路由顺序非常重要。自定义的 Blog 路由在现有的 Default 路由前面。如果将这个顺序颠倒过来，那么 Default 路由将总是被调用，而不是自定义路由。

自定义 Blog 路由匹配任何以/Archive/作为开始的请求。因此，它匹配所有下面的 URL：

```
/Archive/07-25-2018
/Archive/10-6-2017
```

```
/Archive/apple
```

自定义路由将即将到来的请求映射到名为 Archive 的控制器，并且调用了 Entry()方法。当调用 Entry()方法时，条目日期作为 entryDate 参数进行传递。

【代码清单 7-5】

```
using System;
using System.Web.Mvc;

namespace MvcApplication1.Controllers
{
    public class ArchiveController : Controller
    {
        public string Entry(DateTime entryDate)
        {
            return "You requested the entry from " + entryDate.ToString();
        }
    }
}
```

注意到代码清单 7-5 中的 Entry()方法接收一个 DateTime 类型的参数。MVC 框架非常智能，足以自动地将 URL 中的条目日期转换为 DateTime 值。如果 URL 中的条目日期参数不能转换为 DateTime 值，将会引发错误，如图 7-2 所示。

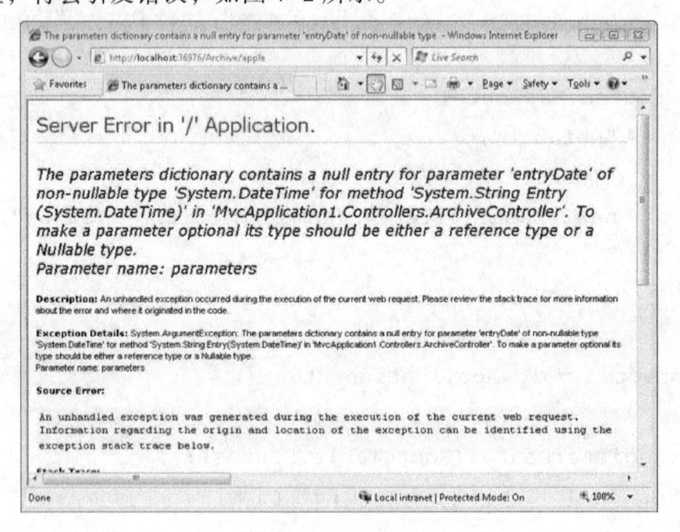

图 7-2　错误提示

通过这些 HTML 表单方法，用户可以向服务器 AuctionsController.Create 操作回传新创建的交易信息。要了解如何使用这些帮助方法：先添加一个名为 Crcate.cshtml 的视图，然后使用下面的 HTML 标签填充内容。

```
<h2>Create Auction</h2>
@using (Html.BeginForm()) {
```

```
    <p>
    @Html.LabelFor(model =>model.Title)
    @Html.EditorFor(model =>model.Title)
    </p>
    <P>
    @Html.LabelFor(model =>model.Description)
    @Html.EditorFor(model =>model.Description)
    </p>
    <p>
    @Html.LabelFor(model =>model.StartPrice)
    @Html.EditorFor(model =>model.StartPrice)
    </p>
    <p>
    @Html.LabelFor(model =>model.EndTime)
    @Html.EditorFor(model =>model.EndTime)
    </p>
    <P>
    <input type="submit" value="Create" />
    </p>
}
```

接着在控制器中添加下面的操作显示此视图：

```
[HttpGet]
public ActionResult Create()
{
    return View();
}
```

这个视图将会渲染下面的 HTML 代码到浏览器中：

```
<h2>Create Auction</h2>
<form action="/auction/create" method="post">
<P>
<label for="Title">Title</label>
<input id="Title" name="Title" type="text" value="">
</p>
<P>
<label for="Description">Description</label>
<input id="Description" name="Description"  type="text" value="test" />
</p>
<p>
<label for="StartPrice">StartPrice</label>
```

```
    <input id="Start Price11" name="StartPrice"  type="text" value= “test” />
    </p>
    <p>
    <labelfor="EndTime">EndTime</label><input id= "EndTime" name="EndTime" 
type=text  value="test" />
    </p>
    <P>
    <input type="submit" value="Create">
    </p>
    </form>
```

7.3 Web 窗体与网址路由

用户可以使用路由约束限制匹配特定路由的浏览器请求。可以使用正则表达式指定一个路由约束。

例如：假设已经在 Global.asax 文件中定义了一个路由。

【代码清单 7-6】

```
routes.MapRoute(
    "Product",
    "Product/{productId}",
    new {controller="Product", action="Details"}
);
```

代码清单 7-6 中包含一个称为 Product 的路由。用户可以使用 Product 路由将浏览器请求映射到代码清单 7-7 中的 ProductController。

【代码清单 7-7】

```
using System.Web.Mvc;

namespace MvcApplication1.Controllers
{
    public class ProductController : Controller
    {
        public ActionResult Details(int productId)
        {
            return View();
        }
    }
}
```

注意到 Product 控制器公布的 Details()方法接受 productId 参数。productId 参数是一个整数参数。

定义在代码清单 7-6 中的路由将会匹配下面的任意 URL：

- /Product/23
- /Product/7

不幸的是，路由也会匹配下面的 URL：

- /Product/blah
- /Product/apple

实际想做的是只匹配包含合适整数 productId 的 URL。当定义路由来限制与路由相匹配的 URL 时，可以使用约束。代码清单 7-8 中的修改后的 Product 路由包含了一个正则表达式，它限制了只匹配数字。

【代码清单 7-8】

```
routes.MapRoute(
    "Product",
    "Product/{productId}",
    new {controller="Product", action="Details"},
    new {productId = @"\d+" }
 );
```

正则表达式\d+匹配一个或多个整数。这个限制使得 Product 路由匹配了下面的 URL：

- /Product/3
- /Product/8999

但是不匹配下面的 URL：

- /Product/apple
- /Product

这些浏览器请求将由另外的路由处理，或者如果没有匹配的路由，将返回“The resource could not be found”错误。

可以通过 IRouteConstraint 接口实现一个自定义路由。这是一个极其简单的接口，它只描述了一个方法：

```
bool Match(
    HttpContextBase httpContext,
    Route route,
    string parameterName,
    RouteValueDictionary values,
    RouteDirection routeDirection
)
```

这个方法返回一个布尔值。如果返回了 false，与约束相关联的路由将不会匹配浏览器请求。Localhost 约束包含在了代码清单 7-9 中。

【代码清单 7-9】

```
using System.Web;
using System.Web.Routing;
```

```
namespace MvcApplication1.Constraints
{
    public class LocalhostConstraint : IRouteConstraint
    {
        public bool Match
            (
                HttpContextBase httpContext,
                Route route,
                string parameterName,
                RouteValueDictionary values,
                RouteDirection routeDirection
            )
        {
            return httpContext.Request.IsLocal;
        }

    }
}
```

代码清单 7-9 中的约束利用了 HttpRequest 类公布的 IsLocal 属性。当发出请求的 IP 地址是 127.0.0.1 或者与服务器的 IP 地址相同时，这个属性返回 true。

用户在定义于 Global.asax 的路由中使用了自定义约束。代码清单 7-6 中的 Global.asax 文件使用了 Localhost 约束阻止任何人请求 Admin 页面，除非他们从本地服务器发出请求。例如：当请求来自远程服务器时，对于/Admin/DeleteAll 的请求将会失败。

【代码清单 7-10】

```
using System;
using System.Collections.Generic;
using System.Linq;
using System.Web;
using System.Web.Mvc;
using System.Web.Routing;
using MvcApplication1.Constraints;

namespace MvcApplication1
{
    public class MvcApplication : System.Web.HttpApplication
    {
        public static void RegisterRoutes(RouteCollection routes){
            routes.IgnoreRoute("{resource}.axd/{*pathInfo}");
```

```
            routes.MapRoute(
                "Admin",
                "Admin/{action}",
                new {controller="Admin"},
                new {isLocal=new LocalhostConstraint()}
            );
        }

        protected void Application_Start(){
            RegisterRoutes(RouteTable.Routes);
        }
    }
}
```

Localhost 约束使用在了 Admin 路由的定义中。这个路由不会被远程浏览器请求所匹配。然而，应该意识到定义在 Global.asax 中的其他路由可能会匹配相同的请求。理解这一点很重要：约束阻止了特定路由匹配某一请求，而不是所有定义在 Global.asax 文件中的路由。

注意到 Default 路由在代码清单 7-10 中的 Glabal.asax 文件中被注释掉了。如果代码中包含 Default 路由，那么 Default 路由将会匹配对 Admin 控制器的请求。在这种情况下，远程用户仍然可以调用 Admin 控制器的方法，即使他们的请求不匹配 Admin 路由。

7.4　常 用 路 由

用户可以使用路由约束限制匹配特定路由的浏览器请求。可以使用正则表达式指定一个路由约束。

（1）经典案例（见图 7-3）。

```
//经典案例，片段由三部分组成，其中UrlParameter.Optional 指明该片段为可选片段
//可匹配的路由有
//(1) http://mydomain.com, 此时Controller 为Home, action 为Index
//(2) http://mydomain.com/Customer, 此时Controller 为Customer, action 为Index
//(3) http://mydomain.com/Customer/List, 此时Controller 为Customer,action 为List
//(4) http://mydomain.com/Customer/List/All, 此时Controller 为Customer,action 为List,id 为 All
//(5) http://mydomain.com/Customer/List/All/Delete, 无效路由，片段过多
routes.MapRoute(
    name: "Default",
    url: "{controller}/{action}/{id}",
    defaults: new { controller = "Home", action = "Index", id = UrlParameter.Optional }
);
```

图 7-3　默认路由

（2）匹配单片段路由（不指定 action 方法，也可访问）（见图 7-4）。

```
//匹配单片段路由，为action片段提供了一个默认值，该路由也将匹配单片段URL，
//请求如：http://mydomain.com/Home, 将调用HomeController的Index动作方法
routes.MapRoute("MyRoute", "{controller}/{action}", new { action = "Index" });
```

图 7-4　匹配单片段路由

（3）可访问路由（见图 7-5）。

```
//可匹配的路由有
//(1) http://mydomain.com, 此时Controller 为Home, action 为Index
//(2) http://mydomain.com/Customer, 此时Controller 为Customer, action 为Index
//(3) http://mydomain.com/Customer/List, 此时Controller 为Customer,action 为List
//(4) http://mydomain.com/Customer/List/All, 无效路由，片段过多
routes.MapRoute("MyRoute_1", "{controller}/{action}", new { controller = "Home", action = "Index" });
```

图 7-5　可访问路由

本 章 小 结

MVC 开发模式越来越流行，使用.NET MVC 构建 Web 网站的人越来越多，本章讲解了ASP.NET 5 关于路由的示例。这个模块用来把用户的请求映射到特定的 mvc controller actions，本章着重讲解了标准路由表是如何把请求映射到 controller action 的。

本章详细介绍了路由的基本概念，说明了为什么需要路由，并演示了如何定义和使用路由，在实际的项目开发过程中，可以应用本章的知识，为网站规划路由，实现正确的网页访问。

习　　题

一、简答题

1. 简述 ASP.NET MVC 下网址路由的原理。
2. 简述 ASP.NET MVC 下路由的常见用法。

二、操作题

运用网址路由的基本原理，实现登录模块的路由寻址，要求：

1. 新建视图。
2. 设计并完成登录模块。
3. 设计完成路由寻址类。
4. 将路由寻址类应用于登录过程中。
5. 测试该程序。

第8章 ASP.NET MVC 开发实战——电子商务网站

学习目标

- 了解 MVC 电子商务网站的开发过程
- 了解 MVC 网站的规划与架构
- 掌握 MVC 网站的功能设计
- 了解 MVC 电子商务网站的实现方法

重点难点

- 电子商务网站的开发过程
- 网站的规划与架构
- 网站的功能设计
- 电子商务网站的实现方法

互联网在当今的企业运用中，实际上就是电子商务的应用。电子商务指的是利用简单、快捷、低成本的电子联系方式，买卖双方不用实地见面进行的各种商贸活动。电子商务可以通过多种电子方式来完成，其中主要的两种方式是以 EDI（电子数据交换）和 Internet 的形式来完成的。当前电子商务、电子政务、远程教育、远程医疗等网络应用已经遍地开花，可以说，在当今社会，人们的工作、学习和生活方式正在发生巨大的变化。互联网的出现彻底改变了商业的流程、模式和信息的传递方式，它给了商家一个重新分配财富和企业现状的机会和挑战，谁能把握得好，谁就将成为未来的赢家，成为未来市场的主导。物竞天择，适者生存，仍将是不变的社会经济规律。电子商务（Electronic Commerce）是为了适应这种以全球为市场的变化而出现和发展起来的，电子商务可以应用于从制造到零售，从银行、金融机构到出版娱乐以及其他的任何企业。Internet 正在将不同形式的电子商务结合起来，产生出许多创新的、混合的电子商务形式，在线商城本质上也是一种电子商务系统。

下面通过对 ASP.NET MVC 架构的学习及网上购物商城的调查分析，设计并实现一个高效率、可扩展、个性化的在线商城系统，使得传统纸质的产品交易具备的所有功能几乎全都可以在网上高效执行。

8.1 需求分析

8.1.1 需求描述

项目需求分析是一个项目的开端，其重要性高于具体的编码，也是项目建设的基石。在以往建设失败的项目中，80%是因为需求分析的不到位而造成的。因此一个项目成功的关键因素之一，就是对需求分析的把握程度，要对客户的种种需求以及企业本身的业务流程都要考虑周到。项目需求又可以分为功能需求和非功能需求。功能需求主要是提供用户在线注册、浏览商品、管理购物车信息、管理订单、在线购买及支付的功能，管理员提供管理用户、查看销量、查看日志、管理订单、管理产品等，功能需求使用用例图进行表达，用例视图将系统功能划分成对参与者（即系统的理想用户）有用的需求。非功能需求主要有用户界面、系统的软硬件环境和开发平台等。

8.1.2 功能需求

在线商城系统中共有游客、会员、系统管理员和一般管理员四个角色，游客可以直接浏览商品，但不能购买；会员不但可以直接浏览商品，还可以管理购物车并产生订单，完成购物；系统管理员具备管理员的所有权限，可以进行任何操作，如添加管理员、删除管理员以及查看管理员日志；一般管理员只可以管理商品类别、管理商品、添加商品折扣、查询销售额，不可以添加管理员、删除管理员以及查看管理员日志。

1. **用户管理**

游客可以进行商品的浏览，如需购买则要注册新用户，注册时要求输入用户名、密码、密码提示和密码答案，完成注册后可以完善真实姓名、地址、邮编、性别和 E-mail 等个人信息，如用户名已存在，则给出此用户已存在的提示框，注册成功后即自动登录系统。已注册用户如果忘记密码，可以根据密码提示填写注册时输入的密码答案，系统会把密码发送到用户的邮箱中。已注册用户登录后可以修改密码、编辑和修改个人信息。

2. **商品浏览**

用户可以浏览商品，要求首页列出商品全部类型，列出最新商品和热门商品，用户可以选择商品类型查询出相关商品，可以输入关键字查询相关商品，结果要列出商品编号、商品名称和商品简单描述。选择商品名称时显示商品详情，包括商品名称、简要描述、价格和商品的浏览次数。商品浏览用例如图 8-1 所示。

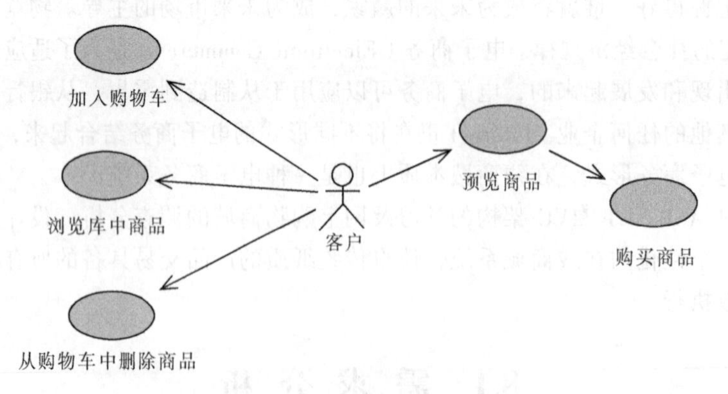

图 8-1 商品浏览用例

3. **购物车管理**

用户在通过商品分类查询和关键字查询找到商品后，就可以进行购物了，所购商品将放入购物车中，购物车信息记录将存到数据库中。这里要求登录用户和陌生用户都可以进行购物，但未登录用户不能下订单，可以将其匿名购物信息在成功登录后移入到其的购物车信息中。已登录用户可以顺利完成订单。

4. 订单管理

用户在完成购物后，可以在购物车内进行结算，在结算页面中提交订单，如用户未登录，则提示用户登录后才能进行结算，未注册用户，可以转到注册页面进行注册，结算时系统应该判断用户余额是否大于此次购物总额，如果余额不足，则提醒用户充值或者进入网上银行支付。客户在登录成功后可以查询已提交的订单及订单明细。

5. 管理员管理

管理员分为系统管理员和一般管理员。系统管理员具有最高的权限，可以对一般管理员信息进行查询、添加和删除，还可以查看管理系统日志、修改管理密码。一般管理员可以对商品进行管理，可以添加删除商品类型、商品名称、商品价格、商品介绍等商品信息，可以对商品的名称、价格、介绍进行编辑。

6. 销售量查询

管理员还可以进行销售量查询，可以是按当月或按日期查询，查询结果包括每种商品的售出数量、相关订单数和销售收入。

8.1.3　非功能性需求

1. 用户界面

网站页面要求美观、大方，易于操作，网站的色调及风格要求统一，并且简单优美，让用户看起来比较舒服。

2. 硬件环境

服务器硬件要求：

内存：不少于 2 GB。

CPU：Intel 2.8 GHz 以上。

硬盘：50 GB 以上。

3. 软件环境

服务器软件要求：

Windows 7 SP1 或更高版本。

SQL Server 2012。

4. 开发平台

Visual Studio 2015。

Windows 7 SP1 或更高版本。

SQL Server 2012。

5. 维护与安全性要求

项目要以方便用户为原则，在统一的用户界面下提供各种实用帮助，尽可能降低使用后的维护投入；不仅应适用于当前实际的运行环境，而且还具有应变能力，以适应未来变化的环境和需求。

系统的安全无疑是确保系统正常运行的首要保障，系统的设计将从访问控制、数据安全方面进行考虑。首先要设立防火墙，防止外部的恶意攻击，其次要进行权限管理，通过设置角色和用户权限可以对用户访问控制；最后要进行系统数据库的备份，使系统数据不会因意外事故（如突然停电）而造成破坏，从而确保数据库内容的安全可靠性。

8.1.4 购物流程

客户进行网上购物的流程如下：

① 用户打开网站就可以浏览商品信息，无须进行用户注册。

② 用户可以按类别等信息进行查询，也可以输入关键字对商品进行搜索查询，单击具体的商品名可以查询其详细信息。

③ 用户选中商品后，可以加入购物车中，对购物车中的商品进行管理，如添加或删除商品。

④ 用户如果要购买结算，必须先进行登录，然后才可以下订单，购物车中的信息不会丢失。

⑤ 用户对中意的商品下订单，订单提交后系统会自动返回一个用户订单号，订单号是唯一的。

⑥ 订单提交成功后，系统提示用户进行支付，用户转到支付系统中进行支付操作。

⑦ 如果账户余额不足，则给出提示信息，并转到网上银行进行支付，支付成功后，提示用户购买成功。

⑧ 管理员收到支付成功的信息后，会查找用户的收货地址，并联系邮局或者快递发货。

8.2 系统设计

8.2.1 架构设计

在线商城管理系统的实现使用三层架构模式，即数据访问层 DAL、业务逻辑层 BLL、用户表示层 WebUI。三层架构模式的三层是体现一种可重用性高、扩展性好的代码工程。数据访问层 DAL 设计到数据库本身、存储过程以及提供数据库接口的组件，在这里主要写在 MVC 中的 Model 里。逻辑层 BLL 封装应用程序商务逻辑组件，在这里主要写在 MVC 中的 Control 里，也有一些写在 Model 中。表示层是指呈现给用户的 Web 应用程序页，在这里就是 MVC 中的 View。

8.2.2 功能设计

在线商城作为一个标准的网上购物平台，大大方便了客户的购物，本系统开发总的要求是网站页面美观、大方，易于操作，网站的色调及风格要求简单优美。客户在家中就可以很方便地进行商品选购、购物车管理和订单结算等操作。本章实现了主要系统功能框架。通过详细的需求分析，系统的功能可以划分为前台和后台两部分，系统前台部分包含了商品浏览、用户注册、用户管理、用户留言、购物车管理、订单管理和用户投诉七大模块，系统后台部分包含了管理员信息管理、网站信息统计、销售量查询、网站调查管理、商品信息管理、用户账号管理和订单管理七大模块，按照设计模式，每个模块中又包含多个业务活动。

1. 系统前台功能设计

系统前台主要是商场的营销界面，是本系统的门面，也就是呈现给客户的部分。游客可以浏览商品，对网站进行留言，但不可以购买，注册用户可以完成整个前台的所有功能，前台主要有七大模块。

① 商品浏览模块：首页中显示了热门商品和新到商品，点击率最高的商品列表作为热门商品浏览，最新添加的商品列表作为新到商品浏览。客户还可以按商品分类浏览，可以按商品名称、价格区间等条件搜索，然后查看商品详细信息。未注册用户只能浏览商品，不能完成结账，已登录的用户才可以购买商品，用户登录时对其进行身份验证。

② 用户注册模块：注册时需要填写用户名、密码、密码提示问题和问题答案等简单的信息，详细信息可以在用户登录后进行补充修改。

③ 用户管理模块：用户登录后，可以修改用户密码，可以对其详细信息进行补充修改；已注册用户如果遗忘密码，可以根据密码提示填写注册时输入的密码答案，找回密码。

④ 用户留言模块：用户购物过程有什么疑问，或者有什么要求以及好的建议，可以点击留言本进行留言，系统管理员会及时进行回复。

⑤ 购物车管理模块：用户可以随时将感兴趣的商品加入购物车，可以查看购物车并对其进行管理，如修改商品数量、添加或删除商品以及清空购物车；如果用户未登录则提示用户先登录后购买。

⑥ 订单管理模块：用户下订单后，可以更改商品以及删除订单，可以修改联系方式，系统判断客户账户里有没有足够的资金，如果没有足够的资金则给出提示，如有则可完成订单。

⑦ 用户投诉模块：用户完成购物后，如果收到的货物有尺寸、颜色等方面的问题，需要退换时，可以进行投诉，投诉时需要用户提供详细的信息，管理员会第一时间进行处理，保障用户的权利。

2. 系统后台功能设计

系统后台主要是商场管理人员的操作界面，是系统运作的基础，也就是商场进行商品相关管理的部分。系统管理员可以完成整个后台的所有操作，具有最高权限，一般管理员只能操作商品、订单等，后台管理有七大模块。

① 管理员信息管理模块：系统管理员可以添加新管理员、删除管理员、修改管理员密码和查看管理员日志，日志记录了管理员的每个操作，只能由超级管理员进行查询。

② 网站信息统计模块：可以观测到网站的访问量，能具体到每月、每日的数量以及访问者的地址，本模块有利于企业更好地分析市场客户群的动向。

③ 销售量查询模块：管理员可以查询商品的销售情况，可以按月查询也可以按指定日期查询，查询结果包括每种商品的售出数量、相关订单数、销售收入等信息。

④ 网站调查管理模块：根据企业的需要，对客户做一些市场调研，来更好地了解客户需求，把握市场机遇。相比传统的市场调查，网络调查只需要做个投票控件，不仅成本极低，

而且样本量大，准确率高。

⑤ 商品信息管理模块：管理员可以添加、删除和修改商品类别，可以添加、修改、删除商品及其详细信息，可以设置促销商品。

⑥ 用户账号管理模块：管理员可以查询用户信息、修改账户金额给用户充值，此处的相关操作会存入管理员日志。

⑦ 订单管理模块：管理员可以查询用户订单信息，用户完成付款的订单安排发货，超过 7 天的未付款的订单视作过期作废，由管理员删除，此处的相关操作会存入管理员日志。

3. 接口设计

（1）用户接口

- 用户注册信息时的录入接口。
- 用户登录时的用户名与密码输入接口。
- 用户“搜索商品”，选择分类与商品名的输入接口。
- 购物车中商品的数量与用户收货地址等信息的录入接口。
- 管理人员给用户账户充值接口。
- 不同级别管理员进入后相关信息的录入接口。

（2）外部接口

- 客户登录后，系统访问数据库，调出该用户相关信息。
- 打开首页时，系统访问数据库，调出新品上市区、打折区和热卖商品榜等区域商品信息。
- 用户搜索商品，访问数据库，查出相关商品信息。
- 管理员进入后台显示对应的相关信息。
- 客户登录后单击“修改个人信息”访问数据库，调出相关用户信息。
- 客户登录后单击“我的账户”访问数据库，调出相关用户账户信息。
- 客户登录后单击“我的订单”访问数据库，调出相关用户订单信息。
- 管理员登录后对用户进入账户“充值”。
- 用户进入“订单明细”获得相关信息。

（3）内部接口

向数据库插入内容及信息、调用函数连接数据库，并通过 SQL 语句调用相关存储过程对数据库进行操作，数据的显示采用绑定的方式。

8.3 数据库设计

数据库是整个系统的核心部分，数据库设计的好坏直接影响系统的性能，要设计好一个数据库，必须要有一个好的设计方案，才能产生一个性能优良的系统。因此设计数据库时必须考虑一些问题，比如数据规范化和索引问题，本系统要求遵守第三范式，这样就减少了数据冗余，提高了效率。使用索引可以减少用户搜索商品的时间，提高了查询效率。

通过前面的需求分析整合出在线商城的各个信息模块，映射到数据库中对应有游客、会员、系统管理员和一般管理员四个角色。四个角色的相关活动就对应产生了数据库中的表，如游客浏览商品，需要商品分类表和商品信息表；会员注册需要会员信息表，进行购买商品时，需要购物车表、订单表和订单详细表；管理员有不同级别，因此需要管理员角色表和管理员信息表，管理员的每个操作需要记录在案，因此需要管理员日志表，这 9 类表之间互相关联，具体关系将在下面详细分析。

8.3.1 逻辑关系图

在逻辑关系图中，用户信息表中的用户号是订单表中的外键，因此一个用户可以有多个订单；商品分类表中的商品分类号是商品表的外键，所以一个商品分类对应很多商品；商品表中的商品号是购物车表中的外键，一个商品可以被放入不同的购物车中，一个购物车中也可以放入多个商品；订单表中的订单号和商品表中的商品号是订单详细表中的外键，同时又组成了订单详细表的联合主键；管理员角色表中的角色号是管理员信息表的外键；管理员信息表中的管理员号是管理员日志表的外键。

8.3.2 数据表结构设计

本系统通过 SQL Server 2012 数据库管理系统实现了整个系统的数据交互业务，SQL Server 功能强大，深受中小型企业系统的厚爱，占据了比较大的市场。SQL Server 是微软公司开发的关系型数据库管理系统，作为 Windows 数据库家族中出类拔萃的成员，SQL Server 这种关系型数据库管理系统能够满足各种类型的企业客户和独立软件供应商构建商业应用程序的需要。SQL Server 是一个作为服务运行的 Windows 应用程序。SQL Server 提供了用于建立用户连接、提供数据安全性和查询请求服务的全部功能。系统数据库的实现需要建立相关的数据表。根据前面所设计的 E-R 图，转化设计了本系统需建立的用户基本信息表、产品信息表和管理员信息表等 9 类表，详细情况如下所示。

① 用户基本信息表。用来存储客户的注册信息，其中 mcode 是主键，不可以相同，upassword 字段存放客户的密码，passtishi 字段存放验证问题的答案，当客户忘记密码时，可以填写答案，如果正确，系统会把正确的密码发送到客户的邮箱中。用户信息表和消费积分表属于用户基本信息表，其详细情况如表 8-1 和表 8-2 所示。

表 8-1 用户信息表（yhxinxi）

字 段	类型（长度）	是否为空	主/外键	描 述
mcode	int	否	主	用户信息编号
ucode	int		1	用户编号
upassword	varchar(50)		2	用户密码
passtishi	varchar(50)		3	用户密码提示
passdaan	varchar(50)		4	密码提示答案
email	varchar(50)		5	用户邮箱
realname	varchar(50)		6	真实姓名
uid	varchar(50)		7	身份证号
utel	varchar(50)		8	用户电话
usex	varchar(10)		9	用户性别
uaddr	varchar(2000)		10	收货地址
postcode	varchar(50)		11	邮编号码
jibie	int		12	会员级别

表 8-2 消费积分表（xfjf）

字　段	类型（长度）	是否为空	主/外键	描　述
xfcode	int	否	主	大类编号
ucode	int			用户编号
dpcode	int			店铺编号
jifen	int			会员积分

② 商品分类表。存放的是所有商品的类别，每个类别中对应很多的商品 ID，如家电类就包括冰箱、电视和洗衣机等。产品大类表和产品小类表属于商品分类表，其详细情况如表 8-3 和表 8-4 所示。

表 8-3 产品大类表（cpdl）

字　段	类型（长度）	是否为空	主/外键	描　述
dlcode	int	否	主	大类编号
dlname	varchar(50)			大类名称

表 8-4 产品小类表（cpxl）

字　段	类型（长度）	是否为空	主/外键	描　述
xlcode	int	否	主	小类编号
xlname	varchar(50)			小类名称
dlcode	varchar(50)			所属大类

③ 商品信息表

存放的是商店销售的产品，是本系统非常重要的表，pstate 字段存放商品的销售状态，表示是否有促销活动、是否停售等，由管理员进行设定；pclick 字段存放商品的点击次数，点击次数前 10 名的商品会作为热门商品在首页显示。详细情况如表 8-5 所示。

表 8-5 商品信息表（product）

字　段	类型（长度）	是否为空	主/外键	描　述
pcode	int	否	主	产品编号
pname	varchar(50)		2 -1	产品名称
pguishu	int		3	产品归属店铺
pstate	varchar(50)		4	产品销售状态
pdlcode	varchar(50)		5	产品所属大类
pxlcode	varchar(50)		6	产品所属小类
pfbtime	varchar(50)		7	产品发布时间
pstyle	varchar(50)		8	产品类型
pphoto	varchar(200)	照片名称	9	产品照片
pbigphoto	varchar(200)		10	产品大图
pscprice	float		11	市场价格
phyprice	float		12	会员价格
psum	varchar(50)		13	产品数量
putil	varchar(10)		14	产品单位
pjieshao	text		15	产品介绍
starttime	varchar(50)		16	始售时间
endtime	varchar(50)		17	止售时间
khjf	int		18	购买可获积分
pclick	int		19	产品点击次数

④ 购物车表。存放用户的临时购物信息，因此游客也可以选择商品到购物车中，只有用户在生成提交订单后，才转换成订单表信息，未登录用户不可以提交订单。购物车表和支付方式表属于与购物车相关表格，详细情况如表 8-6 和表 8-7 所示。

表 8-6 购物车表（songhuo）

字　段	类型（长度）	是否为空	主/外键	描　述
scode	int	否	主	送货方式编号
dpcode	int		1	店铺编号
sname	varchar(50)		2	方式名称
jiage	float		3	送货价格
shuoming	varchar(500)		4	该方式的说明
beizhu	varchar(500)		5	方式备注
state	varchar(50)		6	送货状态

表 8-7 支付方式表（zhifu）

字　段	类型（长度）	是否为空	主/外键	描　述
zcode	int	否	主	支付方式编号
dpcode	int			店铺编号
zname	varchar(50)			方式名称
zstate	varchar(50)			开通状态

⑤ 为了符合第三范式，订单表中只有订单号、用户号和订单日期，其他详细的信息存在订单详细信息表中，如表 8-8 所示。

表 8-8 用户订单表（porder）

字　段	类型（长度）	是否为空	主/外键	描　述
ocode	varchar(50)	否	主	订单编号
dpcode	int		1	订单店铺
ucode	int		2	用户编号
oprice	folat		3	订单价格
hyprice	float		4	会员价格
otime	varchar(50)		5	订单生成时间
shouhuo	varchar(50)		6	收货方式
fukuan	varchar(50)		7	付款方式
jifen	int		8	此次订单积分
ostate	varchar(50)		9	订单状态
odeal	varchar(50)	未作任何处理	10	订单流程
odeal1	varchar(50)	用户已划出款	11	订单流程
time1	varchar(50)		12	已划出款时间
odeal2	varchar(50)	服务商已收款	13	订单流程
time2	varchar(50)		14	服务商收款时间
odeal3	varchar(50)	服务商已发货	15	订单流程
time3	varchar(50)		16	发货时间
odeal4	varchar(50)	用户已收到货	17	订单流程
time4	varchar(50)		18	收获时间
pingjia	text		19	用户订单评价

⑥ 订单详细信息表中存放了具体的商品 ID、购买的数量和订单的金额，配合订单表可以得到完整的信息。收货信息表如表 8-9 所示。

表 8-9 收货人信息表（shrmess）

字 段	类型（长度）	是否为空	主/外键	描 述
shrcode	int	否	主	收货人信息编号
ocode	varchar(50)		1	订单编号
ucode	int		2	用户编号
name	varchra(50)		3	收货人姓名
sex	varchar(10)		4	收货人性别
addr	varchar(100)		5	详细地址
youbian	varchar(50)		6	邮编
tel	varchar(50)		7	电话
email	varchar(50)		8	电子邮件
shfs	varchar(50)		9	送货方式
zffs	varchar(50)		10	支付方式
liuyan	varchar(500)		11	简单留言

⑦ 管理员信息表存放了管理员的个人信息，管理员由超级管理员添加，其中 roleid 字段存放了管理员的等级，其详细情况如表 8-10 所示。

表 8-10 管理员信息表（adminInfo）

字 段	类型（长度）	是否为空	主/外键	描 述
adminID	int	否	主	管理员编号
adminName	varchar(50)			用户名
pwd	varchar(50)	否		管理员密码
roleID	varchar(50)			管理员等级

⑧ 管理员角色表存放了不同等级管理员的角色名字，配合管理员信息表使用。角色表、权限表和管理权限映射表属于管理员角色表，如表 8-11～表 8-13 所示。

表 8-11 角色表（roleInfo）

字 段	类型（长度）	是否为空	主/外键	描 述
roleID	int	否	主	角色编号
roleName	varchar(50)		1	角色名称
rolePermission	varchar(50)		2	角色描述

表 8-12 权限表（permissionList）

字 段	类型（长度）	是否为空	主/外键	描 述
permissionID	int	否	主	权限编号
permissionInfo	varchar(50)		1	权限描述

表 8-13 管理权限映射表（authorMapping）

字 段	类型（长度）	是否为空	主/外键	描 述
authorMappingID	int	否	主	权限映射编号
roleID	int		1	角色编号
permissionID	int		2	权限编号

⑨ 管理员日志表存放不同等级管理员的所有操作记录，是系统中非常重要的记录，只

能由超级管理员来查看管理，如表 8-14 所示。

表 8-14 管理员日志表

字　段	类型（长度）	是否为空	主/外键	描　述
gycode	int	否	主	供应信息编号
ucode	int			发布人编号
gytitle	varchar(200)			供应信息标题
gyshuoming	text			供应说明
fabutime	varchar(50)			发布时间
youxiaotime	varchar(50)			有效期至
lianxiren	varchar(50)			联系人姓名
addr	varchar(200)			供应人地址
tel	varchar(50)			供应人电话
beizhu	varchar(200)			备注

8.4 电子商务网站的实现

以系统设计为基础，采用 Visual Studio 2015 + SQL Server 2012 开发平台来实现相关功能模块，具体实现步骤如下。

8.4.1 模型的实现

模型主要用来访问数据库，按照数据库的设计，在 SQL Server 中用 Create database 语句建立 eshop 数据库，用 Create table 语句建立系统的 9 张基本表，然后还要建立起表与表之间的关系。我们将按照 8.3.1 节中所设计的数据表关系完成数据表的创建。

下面以管理员信息表为例，看如何设置表与表之间的关系。在 SQL Server 中，打开查询分析器，输入以下代码建立管理员角色表和管理员信息表的关系。

```
Alter table Admin add constraint FK_admin_adminrole foreign key(Roleld)
references AdminRole(Roleld)
```

为了提高客户的查询速度和防止 SQL 注入攻击，本系统所有的数据库操作都通过调用存储过程来完成。

下面以返回订单列表功能为例，讲解如何编写对应的存储过程。首先通过获得当前用户的 ID，然后联合查询订单详细表，加上一定的分组排序等运算得到最终的订单列表，详细代码如下所示：

```
Create Procedure GetOrdersList(@uscrID int) As
SELECT [Order].OrderID,Cast(sum(OrderItems.Quantity*OrderItems.unitCost)
as money) as OrderTotal,[Order].OrderDate FROM [order]
INNER JOIN Orderltems OX [Order].OrderlD =OrderItems.OrderlD GROUP BY
userlD, [Order]. Order ID, [order], OrderDate HAVING [Order].userlD =@userID
```

上述代码中存储过程 GetOrdersList 只是获得用户号作为参数，从订单表和订单信息表中查询出该用户的订单号、订单总额和订单日期，并且按日期分组排序返回到用户管理界面中。

如果不使用存储过程，则系统中需要把上面的代码从客户端传到服务器端，再传到数据库查询，一方面传输的数据量变大，增加了执行时间，另一方面，提交SQL语句很不安全，很容易受到SQL注入之类的攻击，威胁服务器和系统的安全。而使用存储过程，只需传递用户号参数即可。

本项目中设计的Model主要有用户、订单和商品模型，Model中的代码很简单，都是定义实体类，并声明相应的属性，如订单类中定义订单号的代码如下所示：

```
public string Orderid { get; set;}
public string Orderdate { get; set;}
```

Model中还包含了所有MVC视图或者MVC控制器没有包含的应用程序逻辑，包含了所有的应用程序业务和数据访问逻辑。本项目中使用LINQ to SQL技术创建模型类并执行数据库访问。为了方便操作，把eshop.mdf文件复制到MVCeshop的AppData文件夹中。接下来，需要基于eshop数据库创建LINQ模型，以便于进行操作。当然还可以使用Hibernate、LINQ to SQL、Entity框架，或者其他.NET ORM技术，只要它的返回结果为.NET对象，ASP.NET MVC框架就能够对其进行操作。

本例使用的LINQ to SQL框架处理普通的.NET对象与关系数据库之间的持久化。采用这种方式，不仅能让对象自身完全忽略如何实现持久化，而且能够解决对象与关系之间的不匹配。甚至，它不需要编写任何一行ADO.NET代码或者存储过程。

右击MVCeshop项目，在弹出的快捷菜单中选择“新建项”命令，然后在模板中选择LINQ to SQL类，名称输入Dataeshop.dbm，选择添加，这时会打开对象关系设计器，从服务器资源管理器中把相关的表格拖进来，然后保存，这样就完成了从数据库到类的转换。

理论上有了这些生成的数据类之后，不需要添加任何额外的代码或配置，就可以完成查询、插入、更新、删除和服务器端分页等操作。以上只是完成了基本数据表的访问，在本系统中大量使用了存储过程，提高了数据库的安全性并减轻了服务器的压力、提高了程序的执行效率。LINQ to SQL把本系统这些存储过程生成了对应的强类型函数，用户可以使用LINQ查询语法指出如何在一个强类型的方法中查询数据模型。例如，定义一个获取特定商品类别的方法，代码如下所示：

```
public Category GetCategoryById(int categoryId)
{
    return TheCategories.First(c => c.CategorylD == categoryld);
}
```

8.4.2 控制器的实现

控制器负责处理用户的请求，一个URL请求进来，需要某个Controller调用相关的Model，返回给相关的View，但是究竟调用哪个Controller是由路由规则确定的。ASP.NET MVC提供了一个非常强大的新特性，它能够定制访问应用程序的URL。这对于搜索引擎的优化以及提高网站的通用性都是非常重要的。不需要访问类似地址 http://localhost/Products/ItemDetails.aspx?item=22，而是通过 http://localhost/Products/mp4 进行访问，这样的URL更让人赏心悦目。

本系统对产品的搜索、产品类别和查看产品的信息请求等都定义了路由规则，部分关键代码如下所示：

```
    void Application_Start(object sender, EventArgs e)
    {
        RegisterRoutes(RouteTable.Routes);
    }
    public void RegisterRoutes(RouteCollection routes)
    {
        routes.IgnoreRoute(" {resource} .axd/{*pathInfo}"); routes.MapRoute (
            "AllCategories",
            "Categories/All",
            new { controller = "Categories", action = "AllCategories"} routes.
MapPageRoute(
            "ViewProduct",//路由名
            "Products/ProductDetail /{ProductXame}",
            new { controller = "Products", action="Detail"}
        );
        routes.MapPagcRoute(
            "SearchProduct",
            "Product/{query}",
            new { controller = "Products", action = "ProductSearch"}
        );
    }
```

下面以代码中的 Products/ProductDetail/{ProductXame}为例，解释其规则。ViewProduct 指路由名，Products 指 Controller 名，ProductDetail 指 Products 控制器中具体的 Action，{ProductXame}指 URL 中传递过来的参数，就是具体的产品名字。

为了能够识别路由规则，首先要在项目的 Web.config 文件中添加以下代码：

```
    <httpModules>
    <add name="UrlRoutingModule" type="System.Web.Routing.UrlRoutingModule,
System.Web.Routing, Version=3.5.0.0,Culture=neutral,PublicKeyToken= 31BF3856
AD364E35" />
    </httpModules>
```

然后在 Global.asax 文件中定义路由规则，在 Application_Start 函数中调用 RegisterRoutes 方法，这样路由规则才能发挥作用。

本系统创建了 27 个 Controller。其中 CartController.cs 用来控制购物车相关页面，LoginController.cs 用来控制用户登录相关页面，CategoryController.es 用来控制产品类别的相关页面，CheckoutController.cs 用来控制用户结算付款相关页面，OrderController.cs 用来控制用户订单相关页面等。

路由规则制定完成以后，就可以创建具体的 controller，在 ASP.NET MVC 中所有的控制器都是以 Controller 作为结尾命名的，所有的控制器都统一放在 Controllers 文件夹中。本项目中所有的客户端页面，都由具体 Controller 进行处理，调用相应的页面。

因控制器较多，下面以购物车为例，新建一个 Controller。首先右击 Controllers 文件夹，在弹出的快捷菜单中选择 Controller，在 Controllemame 文本框中输入 CartController，选中添加 Create、Update 和 Detail action 方法的复选框，会自动生成对应的 action 方法，可简化选中操作过程。

然后单击 Add 按钮，就完成了添加购物车这个新控制器的操作，其核心代码如下所示：

```
public ActionResult AddPItem(int pid)
{
     Product p=dataeshopjproduct.GetProduct(pid);
     if(p==null)
          throw new InvalidOperationException("Invalid pid");
     this.CurrentCart.Addltem(p); this.SaveCart();
     return RedirectToAction("Show");
}
public ActionResult RemoveItem(string id)
{
     this. CurrentCart. Removeltem(id);
     this.SaveCart();
     return RedirectToAction("Show");
}
public ActionResult Updateltem(string id)
{
     string snum = Request.Form["num"];
     if(!string.IsNullOrEmpty(snum)) {
          int newnum = 0;
          int.TryParse(snum, out newnum);
          if(newnum > 0) {
             this.CurrentCart.Adjustnum(id, newnum); this.SaveCart();
          }
     }
     return RedirectToAction("Show");
}
public ActionResult Show(){ return View("Cart");}
```

Addltem(int pid)方法用来添加新的商品到购物车中；Removeltem(string id)方法用来从购物车中删除一个项目，然后保存购物车并重新显示；Updateltem(string id)方法用来更新某个商品的数量，首先从 form 中获取旧的数量，判断是否为空，如不为空，再调整购物车为新的数量，最后保存购物车并重新显示；Show()方法用来显示购物车页面。

8.4.3 视图的实现

表示层指最终呈现给用户的页面，在本项目中对应的是 cshtml 页面文件，全部放在项目的 Views 文件夹中。本项目中创建了 36 个 View 页面。其中 AddressDisplay.cshtml 用来显示用户的收货地址，CreditCard.cshtml 用来显示用户结算支付的页面，Productdetail. cshtml 用来显示商品的详细信息页面，Favorites.cshtml 用来显示用户收藏喜欢关注商品的页面，ProductList. cshtml 用来显示商品列表的页面，ProductAd.cshtml 用来显示促销商品广告的页面，ProductAdEditor.cshtml 用来编辑促销商品广告的页面，Error.cshtml 用来显示错误页面等。

下面以浏览商品详细信息页面为例，来实现对应的 View。首先右击 Views 文件夹，添加一个新目录“Products”，这里的目录名要和 controller 文件夹下的相同，这便于清晰地组织视图。右击 Views 下的 Products 文件夹，然后添加一个新 View，这时需要利用 Master Page，在 View name 中输入 Productdetail。然后单击 Add 按钮，就完成了添加新 View 的操作。

本视图中的核心代码如下所示：

```
    <h2><%=ViewData. ProductName %></h2>
      <table class='productdetail'>
    <tr>
    <td colspan="2">
    <img  src="/Content/Images/<%=ViewData.ProductID%>.jpg"  alt="<%=ViewData.
ProductName %>" />
    </td>
    </tr>
    <tr>
      <td>Price:</td>
      <td>String.FormatC{0:C2}", ViewData. ProductPrice) %></td>
    </tr>
    <tr>
    <td>Intro:</td>
    <td><%= ViewData. Intro %></td>
    </tr>
    </table>
```

系统中很多地方还采用分页技术，比如搜索商品页面中，如果商品很多，就需要使用分页显示，方法是需要在文件后面加上以下代码：

```
    <%= Html.ActionLink("Create New", "Create") %>
    <% Html.ActionLink("前一页","Index", new{page=(int)ViewData["Page"] -1})%>
    <% Html.ActionLink("后一页","Index",new { page = (int)ViewData["Page"]})%>
```

View 中需要借助 Ajax，这样可以在用户进行单击按钮等操作时，应用 JavaScript 和 DHTML 立即更新用户接口，通过向服务器发出异步请求，来执行更新或查询数据库操作。当请求返回时，就可以使用 JavaScript 和 CSS 来相应地更新用户接口，而不是更新整个页面。最重要的是，用户可能感觉不到浏览器正在与服务器通信，因为 Web 站点看起来是即时响应的。在本项目中大量使用了 Ajax 技术，首先要添加对 Ajax 的引用。

MicrosoftAjax.js 和 MicrosoftMvcAjax.js 这两个脚本库中存在对 ASP.NET AJAX 客户端功能的支持。所以首先要引用 ASP.NET AJAX 脚本库。在“解决方案资源管理器”中，展开 Views 文件夹，然后展开 Shared 文件夹。双击 Site.Master 文件打开它，在 head 元素末尾添加以下标记：

```
    <script src="<%= Url. Content("~/Scripts/Microsoft Ajax. debug.js") %>"
type="text/javascript"></script>
    <script src="<%= Url.Content("一/Scripts/MicrosofitMvcAjax.debug.js") %>"
type="text/j avascript"></script>
```

然后需要重新定义索引页，用下面的标识替换 Content 控件的内容：

```
    <h2><%= Html.Encode(ViewData["Message"]) %></h2>
    <span id="status">No Status</span>
    <br/>
    <%=  Ajax.ActionLink("Update  Status",  "GetStatus",  new  AjaxOptions
{UpdateTargetId="status"}) %>
    <br /><br />
    <% using(Ajax.BeginForm("UpdateForm", new AjaxOptions{UpdateTargetId=
" textEntered"})) {%>
    <%= Html.TextBox("tbmessage","Enter message ")%>
    <input type="submit" value="Submit7><br />
    <span id="textEntered">Nothing Entered</span>
    <%} %>
```

新页面显示了页面的状态消息（具有用于异步更新该消息的链接）以及用于提交文 本字符串的窗体。异步链接是通过调用 Ajax.ActionLink 方法创建的。在此示例中，它可以接受三个参数。第一个参数为链接的字符串，第二个参数为要调用的 MVC 操作函数，第三个参数是一个定义调用的预期目的的 AjaxOptions 对象。在此处，代码将更新 ID 为 status 的 DOM 元素。窗体是使用同样具有多个重写的 Ajax.Form 方法定义的。在此示例中，它可以接受两个参数。第一个参数为要调用的操作方法。第二个参数是另一个 AjaxOptions 对象，该对象指定将更新 ID 为 textKntered 的 DOM 元素。

8.4.4 效果图

用户登录注册：用户如果需要购物时必须先注册登录才能获得系统允许的使用权限。

注册时仅需输入最基本的信息，个人详细资料可以在注册之后进行修改。用户登录注册界面如图 8-2 所示。

这里使用 Header.Menu 显示头部导航条，在设计中具有技巧性的地方是如何展示给登录用户和匿名用户不同的导航条，例如，匿名用户看到的导航链接有登录、购物车和帮助，而登录用户看到的导航链接则是欢迎信息、退出、我的账户和帮助。

用户可以查看首页，首页中显示了热卖商品和人气商品，首页的左侧分类显示相应的商品信息，商品信息包括每个商品的商品编号、商品名称、简单描述。如单击计算机软件项，就会显示出相关的商品信息。

除了按右侧的分类列表查看商品信息外，还可以搜索商品。在页面头部的搜索框中输入相应的关键词，提交之后，将在搜索页面显示出模糊查询的结果，显示方式和按分类查看类似。例如，要搜索手机相关商品，就在搜索框中输入“手机”，单击查询按钮，则显示出商品名称中包含“手机”字段的所有商品，并分页显示。

图 8-2 登录界面

在搜索到的商品中，选中要购买的商品，单击添加到购物车按钮，将进入到购物车界面，如图 8-3 所示。

图 8-3 搜索首界面

本章小结

本章详细完整地介绍了使用 ASP.NET MVC 5 技术开发完成电子商务网站的全过程，重点讲解了设计思路和主要的知识点，其中包括前台信息处理和后台管理程序的制作方法以及 Models、Views 和 Controllers 的设计方法。

本章实例用到了前面介绍的 MVC 模式各项知识和 HTML、CSS、JavaScript 等基础知识，由于本章侧重思路讲解，代码分析没有具体到每一行，但读者如果掌握了前面章节的内容，本章的逻辑代码应该不难理解。

习题

一、简答题

1. 简述网站开发中需求分析的重要性。
2. 简述 ASP.NET MVC 与三层架构两个概念之间的区别。

二、操作题

给本章的例子添加一个在线客服功能，要求：

1. 运用 Ajax 技术实现实时处理。
2. 设计并实现数据库的保存。
3. 设计完成对应的模型、控制器和视图。
4. 测试该程序。